培訓叢書 ㉜

# 企業培訓活動的破冰遊戲（增訂二版）

蔣德劭/編著

憲業企管顧問有限公司　　發行

# 《企業培訓活動的破冰遊戲》 增訂二版

# 序　言

　　企業的經營管理，有個奇妙的事實，越是深刻的道理，它表現形式也就越簡單。在管理培訓過程中，如何用簡單的形式，將複雜的管理理念、管理規則貫徹到企業內的每一個環節，是值得深思的，員工培訓是唯一最可行的方法。

　　第二個問題是在培訓中怎樣才能使你的受訓學員不至於昏昏欲睡、坐立不安？怎樣才能使你的管理溝通達到預期目的？在培訓過程中如何才能激起學員興趣，積極地參與到學習中去？如何才能使你的培訓更加生動有效？這兩個問題的答案，都與「培訓活動的破冰遊戲」有關聯。

　　企業培訓師使用培訓遊戲來培訓企業學員，上課將更有效，在講課之前，如果再來做一個「破冰遊戲」會令學員更有勁學習，而在講完精彩的故事之後，再加上互動體驗的遊戲，一定能使你如虎添翼，使培訓效果大大提升。

　　聽故事和做做遊戲，是人類的天性。在培訓活動過程中，培訓師

所使用的故事、遊戲或是精彩的案例運用，是培訓師屢試不爽的好方法，它往往能有舉一反三、事半功倍的效果，更能啟發員工，激發他們更積極參與，充分表達自己的觀點，而這比單純的說教有效得多。

本套<企業培訓遊戲叢書>，一共有多本，包括<團隊精神培訓>、<解決問題能力培訓>、<提昇領導力培訓>、<針對部門主管培訓遊戲>…………等，每本培新遊戲，都是內容豐富、形式多樣化，值得保存。本書就是在遊戲中尋找樂趣，於樂趣中獲得知識，是本培訓叢書的最大宗旨，因此能培養學員對課程的濃厚興趣，激發學習積極性，全面促進他們的學習和工作。

本書是<企業培訓遊戲叢書>的「破冰遊戲」，企業在舉辦培訓課程，在講課時再加入一個「破冰遊戲」，會令學員更有勁學習，本書初上市，獲得眾多企業界好評，此次是 2015 年 12 月發行增訂第二版，書中內容斱是企管培訓公司經過數年時間培訓互動經驗，再刪除不好的培訓遊戲，收集整理出歷屆培訓師看好的破冰遊戲，透過通俗易懂、互動性強，激發了學員的精神和創造力。在編輯過程中，得到很多朋友的支援與幫助，在此深表謝意。

2015 年 12 月增訂二版

# 《企業培訓活動的破冰遊戲》 增訂二版

## 目　錄

# 1 熱鬧的熟悉活動

◎**遊戲目的**：以熱鬧激烈的活動使學員彼此熟悉。

◎**遊戲時間**：10～15 分鐘

◎**參與人數**：所有人參與(至少 10 人以上)

◎**遊戲道具**：無

◎**遊戲場地**：會場

◎**遊戲步驟**：

1. 英國有個著名的博物學家是誰？他最著名的學說是什麼？所有的物種都是從什麼開始進化的？從「蛋」開始的，「蛋」變成「雞」，「雞」進化成「原始人」，「原始人」進化成「超人」，「超人」進化成「聖人」(示範各種動作)。

2. 相同物種才能競爭，不進則退。

3. 每個人都從「蛋」開始，「蛋」跟「蛋」競爭，贏的進化成「雞」，輸的變成「蛋」。「雞」跟「雞」競爭，贏的進化成「原始人」，輸的變成「蛋」，不進則退。以此類推，最終變成「聖人」的為勝利者。

◎**變化**：

1. 可以增加變化的級數，如「蛋」以下可以增加「阿米巴原蟲」等。

2. 可思考不同的進化名稱和動作。

## 培訓師上課常用到的小故事

### 讓鯨魚躍出 6.60 米的水面

假如你看到體重達 8600 公斤的大鯨魚，躍出水面 6.60 米，並向你表演各種雜技，你一定會發出驚歎，是有這麼一隻創造奇蹟的鯨魚，它的訓練師披露了訓練的奧秘：

在開始時，他們先把繩子放在水面下，使鯨魚不得不從繩子上方通過，鯨魚每次經過繩子上方就會得到獎勵，它們會得到魚吃。會有人拍拍它並和它玩，訓練師會把繩子提高，只不過提高的速度必須很慢，這樣才不至於讓鯨魚因為過多失敗而感到沮喪。

大道理：如何讓鯨魚躍出 6.60 米的水面？首先給手中的「繩子」定個合適的高度，欣喜地看到每一個進步，及時予以鼓勵和肯定，奠定信心，而不是讓失望沮喪的情緒籠罩著，離目標越走越遠。

# 2 找出你的隊員名牌（一）

◎遊戲目的：幫助與會人員彼此熟悉起來。

◎遊戲時間：視人數而定(1 分鐘 1 人)

◎參與人數：自我介紹

◎遊戲道具：姓名牌

◎遊戲場地：會場內

◎遊戲步驟：

1. 在每位與會人員進入會議室時，在名冊上核對一下他的姓名，然後給他一個別人的姓名牌。

2. 要求他們把姓名牌上的人找出來，同時還要向其他人做自我介紹。

---

### 培訓師上課常用到的小故事

## 飛翔的蜘蛛

　　一天，我發現，一隻黑蜘蛛在後院的兩簷之間結了一張很大的網。難道蜘蛛會飛？要不，從這個簷頭到那個簷頭，中間有一丈餘寬，第一根線是怎麼拉過去的？後來，我發現蜘蛛走了許多彎路，從一個簷頭起，打結，順牆而下，一步一步向前爬，小心翼翼，翹起尾部，不讓絲沾到地面的沙石或別的物體上，走過空地，再爬上對面的簷頭，高度差不多了，再把絲收緊，以後也是如此。

　　信念是一種無堅不摧的力量，當你堅信自己能成功時，你必能成功。蜘蛛不會飛翔，但它能夠把網淩結在半空中。它是勤奮、敏感、沉默而堅韌的昆蟲，它的網織得精巧而規矩，八卦形地張開，仿佛得到神助。這樣的成績，使人不由想起那些沉默寡言的人和一些深藏不露的智者。於是，我記住了蜘蛛不會飛翔。但它照樣把網結在空中。奇蹟是執著者創造的。

# 3 找出你的隊員名牌（二）

◎遊戲目的：讓會議、演講或培訓課程中的小組成員(15～25
　　　　　　人)彼此熟悉起來。

◎遊戲時間：15～20 分鐘

◎參與人數：會員自由交流

◎遊戲道具：表格和象徵性的獎品

◎遊戲場地：會場內

◎遊戲步驟：

1. 在會議或課程開始時，講一下結識其他與會人員的重要性。

2. 把按照下面的形式印製的表格發給大家，每人一份，要求每個人從其他至少兩個人身上找出至少一個與自己的共同之處(如「在美國長大」)和一個不同之處(如一個是「足球愛好者」，另一個「不愛運動」)。告訴與會人員他們有 4 分鐘時間來完成這項任務。

3. 要求大家在房間內四處走動，與盡可能多的人打交道。

| 序號 | 姓名 | 共同點 | 不同點 |
|---|---|---|---|
| 1 | | | |
| 2 | | | |
| 3 | | | |
| 4 | | | |
| 5 | | | |
| 6 | | | |
| …… | | | |

## 培訓師上課常用到的小故事

## 團結合作度過困境

在一片森林裏，有兩個好朋友：獅子和熊，他們常常在一起打獵。這一天，兩人又一次出發，去尋找獵物。走了好半天，目光敏銳的獅子一下子發現了山坡上有只小鹿，獅子正要撲上去，熊一把拉住說：「別急，鹿跑得快，我們只有前後夾擊才能抓住他。」獅子聽了，覺得有道理，兩人就分頭行動了。

鹿正津津有味地啃著青草，忽然聽到背後有響聲。他回頭一看：啊呀，不得了！一隻獅子輕手輕腳向他撲過來了！鹿嚇得撒腿就跑，獅子在後面緊追不捨，無奈鹿跑得真快，獅子追不上。這時熊從旁邊竄出來，擋住鹿的去路。他揮著蒲扇大的巴掌，一下子就把鹿打昏了過去。獅子隨後趕到，他問道：「熊老弟，獵物該怎麼分呢？」熊回答說：「獅大哥，那可不能含糊，誰的功勞大，誰就分得多。」獅子說：「我的功勞大，鹿是我先發現的。」熊也不甘示弱：「發現有什麼用，要不是我出主意，你能抓到嗎？」

獅子很不服氣地說：「如果我不把鹿趕到你這裏，你也抓不到啊！」兩人你一言我一語爭個不休，誰也不讓誰，都認為自己的功勞大，說著說著，兩個就打了起來。

被打昏的鹿漸漸醒了過來，看到獅子和熊打得不可開交，趕緊爬起來，一溜煙逃走了。當他們打得精疲力竭回頭一看，鹿早不見了。

熊和獅於你看我，我看你，後悔地直歎氣。

生命中有許多重要時刻，往往需要與別人互相信任地團結合作。只有這樣，才有可能度過困境，享受豐碩的成果。合作是絕

對沒有錯的，錯就錯在你合作的人選是否是正確的。

# 4 集體跳兔子舞

◎遊戲目的： 1. 活躍氣氛。

　　　　　　2. 增強團隊成員的瞭解和合作。

◎遊戲時間：10 分鐘

◎參與人數：集體參與

◎遊戲道具：快節奏樂曲和音響器材

◎遊戲場地：空地或大會場

◎遊戲步驟：

1. 每個小組排成一隊。

2. 小組後面一位學員雙手搭在前一位學員的雙肩上。

3. 培訓師給學員動作指令：左腳跳兩下，右腳跳兩下，雙腳合併向前跳一下，向後跳一下，再連續向前跳三下。

◎遊戲討論：

1. 為什麼會出現步調不一致的情況？

2. 有什麼方法能使本小組成員儘量保持步調一致？

3. 遊戲進行到後面階段這種狀況是否有所改進？為什麼？

◎遊戲總結：

1. 成員個體間存在的差異導致了總體的不協調。

2. 在交往中隨著對他人的瞭解，有助於減少這種不協調。

# 5 新生起立報到

◎遊戲目的：

該策略可以使學員之間很快地相互熟悉⋯⋯特別是在人數很多的班級。

◎遊戲步驟：

1. 告訴學員，你要做一個快速的調查，以便讓每個人都知道那些人來參加培訓了。

2. 要求學員在聽到符合自己的陳述時起立報到。

3. 設計一些有趣的陳述並進行分類，例如：

⑴職業（「如果你是一位一線管理人員，請起立。」）

⑵身份（「如果你是公司的新員工，請起立。」）

⑶地區（「如果你居住在美國以外的地區，請起立。」）

⑷經歷（「如果你最近遇見過某位名人，請起立。」）

⑸信條（「如果你認為顧客永遠是正確的，請起立。」）

⑹觀點（「如果你認為培訓課程結束後幾乎沒有什麼效果，請起立。」）

⑺偏好（「如果你更喜歡用電話而不是電子郵件，請起立。」）

⑻優先權（「如果你認為花更多時間保持員工隊伍的穩定性比發展產品更重要，請起立。」）

⑼愛好（「如果你會演奏某種樂器，請起立。」）

⑽天賦（「如果你擅長使用 Excel 表格處理軟體，請起立。」）

4. 選擇使用 5～25 個陳述。所選擇的陳述可以屬於同一類別，也

可以把幾個類別中的陳述混合使用;選擇學員感興趣的陳述;如果其中一些陳述幾乎適用於每一個學員,而另一些陳述只適合某些學員,那麼,這項活動將取得最佳效果;可以選擇能夠讓所有學員都起立的陳述作為結束,例如,「如果你充滿活力,請起立!。或者「如果你感覺這項活動很有趣,請起立。」等陳述。

◎案例應用:

在關於「投資回報」的培訓項目中,要求學員聽到以下陳述後起立:

⑴你已經參加過研究方法的課程。

⑵你更喜歡與別人交談,而不是觀察別人。

⑶你知道誰是唐納德· 柯克派翠克(Donald Kirkpatrick)。

⑷你以前曾對培訓項目進行過評估。

⑸你曾被要求提供關於某個培訓項目影響的證據。

⑹你認為課程評估回饋資料與實際的訓練結果之間幾乎沒有什麼關聯。

⑺你已經設計了一項參照標準測試。

---

### 培訓師上課常用到的小故事

### 小白鼠與科學家

有個科學家在研究人類潛在的生命力。他在實驗室裏,以小白鼠做實驗。每天一大早,他就從籠子裏抓出那只小白鼠,放進一個透明的玻璃水池內,然後,立即計算時間。

科學家在玻璃池旁觀察小白鼠在水裏掙扎的情況,直到那只小白鼠快要淹死肘,科學家才趕忙將它撈出來,放回籠中。當然,科學家沒忘記計算時間。這樣的試驗進行了一星期,每天的記錄

顯示，小白鼠的掙扎時間在增加著。

有一天早晨，科學家又繼續他的實驗。他將小白鼠丟進池中，不久，電話響了。科學家便轉身去接電話。那是他的女朋友打來的電話，情話綿綿，那位科學家忘記了池中的小白鼠。當他記起時，側身一看，那小白鼠已經浮在水面上了。

小白鼠的死，是因為那個「致命的電話」麼？當然不是，那又是誰害死它的呢？

原來，每次科學家將它丟進池中，過了不久，便會將它抓上來。連續了幾天，那小白鼠便告訴自己：何必這麼辛苦掙扎呢，最終會有一隻手撈我上去的！就因為這個觀念，它不去發揮其潛能掙扎生存，最終被淹死了。

小白鼠是因為太依靠人而死亡的。若想成功，他人的幫助，是件好事，但最終還是要靠自己，自力更生，自己才能左右本身的命運與前程。

# 6 上課前的體操

◎遊戲目的：1. 用於活躍氣氛，放鬆精神。

2. 增強動作的協調性，鍛鍊身體。

◎遊戲時間：5 分鐘

◎參與人數：集體參與

◎遊戲道具：音響器材

◎遊戲場地：空地或大會場

◎遊戲步驟：

1. 所有學員面向教練，分散站開。

2. 播放音樂，學員在培訓師的帶領下完成以下一系列動作(除標註外，每個動作重覆兩遍)：

⑴掌腿 1－2－3－4。

⑵捶拳 1－2－3－4。

⑶捶肘部 1－2－3－4。

⑷手掌疊交 1－2－3－4。

⑸聳肩膀 1－2－3－4(一遍)。

⑹擦玻璃 1－2－3－4(一遍)。

⑺劃水 1－2－3－4。

⑻拍蚊子 1－2－3－4。

◎注意：

請事先準備好音樂磁帶。

◎遊戲討論：

你都有那些使自己心情放鬆的方法？

◎遊戲總結：

勞逸結合能有效地提高效率。

---

### 培訓師上課常用到的小故事

## 永遠的坐票

朋友經常出差，經常買不到對號入坐的車票。可是無論長途短途，無論車上多擠，他說他總能找到座位。

他的辦法其實很簡單，就是耐心地一節車廂一節車廂找過去。這個辦法聽上去似乎並不高明，但卻很管用。

　　每次，他都做好了從第一節車廂走到最後一節車廂的準備，可是每次他都用不著走到最後就會發現空位。他說，這是因為像他這樣鍥而不捨找座位的乘客實在不多。經常是在他落座的車廂裏尚餘若干座位，而在其他車廂的過道和車廂接頭處，居然人滿為患。

　　他說，大多數乘客輕易就被一兩節車廂擁擠的表面現象迷惑了，不大細想在數十次停靠之中，從火車十幾個車門上上下下的流動中蘊藏著不少提供座位的機遇；即使想到了，他們也沒有那一份尋找的耐心。眼前一方小小立足之地很容易讓大多數人滿足，為了一兩個座位背負著行囊擠來擠去有些人也覺得不值。他們還擔心萬一找不到座位，回頭連個好好站著的地方也沒有了。

　　與生活中一些安於現狀不思進取害怕失敗，永遠只能滯留在沒有成功的起點上的人一樣，這些不願主動找座位的乘客大多只能在上車時最初的落腳之處一直站到下車。

　　朋友經常被同行羨慕「運氣好」。因為一些看來希望渺茫的機會總能被他撞上，最終達成最後的合約。聽過他「找座位」的故事後，我們能夠悟出，他的運氣其實是他不懈追求的回報。他的自信、執著，他的富有遠見、勤於實踐讓他握有了一張人生之旅永遠的坐票。

# 7 當掌聲響起來時

◎遊戲目的：在課程或會議開始前製造活躍的氣氛。

◎遊戲時間：1～3 分鐘

◎參與人數：集體參與

◎遊戲道具：無

◎遊戲場地：不限

◎遊戲步驟：

1. 走入與會人員聚集的房間，請每個人都站起來並張開雙臂（人與人之間空出大約一臂的距離）。

2. 告訴他們，為了使他們頭腦清醒並儘快消化、理解你在課程中講授的知識，你要帶領他們做一個精心設計的練習。

3. 此練習可促進血液循環，刺激他們手上的神經末梢。

4. 請他們向身體兩側伸展雙臂（要保持水平）。等這一動作完成後，請他們迅速拍手，然後再張開雙臂。

5. 把這兩個動作連續做 10 次，動作要快。

6. 告訴與會人員，你雖然不太確定他們現在感覺如何，但你自己確實感覺良好，因為這是你在多年的培訓生涯中第一次以起立鼓掌的方式來開始培訓課程的。

◎注意：

語調要保持興奮和神秘，聲音要能讓在場的每個人都清楚地聽到。最好是和大家一起做這個遊戲，這可以讓你更好地把握現場的氣氛和眾人的情緒。

◎遊戲討論：

遊戲結束後是不是有種愉快和輕鬆的感覺。

┌─────────────────────────────────┐
│ **培訓師上課常用到的小故事** │

### 再撐一百步

　　美國華盛頓山的一塊岩石上，立下了一個標牌，告訴後來的登山者，那裏曾經是一個女登山者躺下死去的地方。她當時正在尋覓的庇護所「登山小屋」只距她一百步而已，如果她能多撐一百步，她就能活下去。

　　倒下之前再撐一會兒。勝利者，往往是能比別人多堅持一分鐘的人。即使精力已耗盡，人們仍然有一點點能源殘留著，用那一點點能源的人就是最後的成功者。
└─────────────────────────────────┘

# *8* 一唱一和

◎遊戲目的： 1. 考驗每個人的應變力。

2. 初上課時，培訓者可以通過給學員受眾人矚目的機會，鼓勵他們「上臺來」，使學員積極參與到培訓中來。

3. 放鬆自己對預先確定計劃的過分堅持，以便更好地和學員交流意見，體現溝通的作用。

◎遊戲時間：10～15分鐘

◎參與人數：6～10人

◎**遊戲道具**：10 張 A4 的紙，30 張小卡片
◎**遊戲場地**：室內
◎**遊戲步驟**：

1. 讓學員想出 3 件他們最喜歡做的事情，並把它們分別列在 3 張索引卡片上。要求他們一定要寫得具體。例如，同樣是「吃」，要寫成吃什麼，而不要寫成「吃東西」，而要說喜歡「吃日本料理」。

2. 原因可能有：「因為它很清淡，而且非常好吃」；或者「因為它總是被那麼優雅地端上來」；或者是「因為它是那麼不同，我喜歡多種多樣」等。

3. 讓學員列出所有他們能想到、之所以喜歡的原因，但不要讓其他人看到。

4. 現在，將學員分成兩人一組。

5. A 裝扮成一名著名的巫師，憑他的驚人的直覺猜一猜 B 喜歡這項活動的原因。

6. 問題是，A 作為巫師似乎很糟糕：通常，A 的估計與實際情況只有一點兒牽強附會的聯繫。

7. B 絕對不可以不同意巫師說的話，無論巫師說什麼，B 都必須無條件地接受。

8. B 首先看一下卡片，可能說道：「我喜歡到舞廳跳舞。」

9. A 立即說：「你當然喜歡。」然後繼續提供一個「不尋常」的解釋：「那是因為在舞廳跳舞能吃到非常好吃的點心，而且你喜歡吃點心，特別是流行的水果餡餅。」

10. 無論巫師說的話多麼奇特，B 必須同意並確認：「是的。」B 也許會說：「那是一個促進食慾的好方法，而且還能碰到熟人。」

11. A 順著 B 的解釋接著說下一句，如：「你的朋友艾麗絲更喜歡

吃硬餅乾類的點心。」

12. 然後 B 確認這個反應，繼續談話。在談話過程中，B 可以選擇另外一個活動的卡片，請巫師猜一猜他喜歡這項活動的原因。

13. 給每組大約 3 分鐘進行對話，然後交換角色。

⑴ 選擇一張卡片，講一件事，如：「我喜歡放風箏。」

⑵ 巫師說：「你當然喜歡！那是因為海鷗喜歡追逐風！」

⑶ 回答：「確實，當我帶著風箏出去的時候，我看見許多海鷗。它們好像最喜歡藍色。」

◎遊戲討論：

1. 拋棄你自己事先想好的原因，快速地想出一個理由，然後接著巫師的話往下說是不是件很困難的事情？

2. 在現實生活中，有的人不瞭解你的意思，你一般會有什麼反應？會產生什麼感覺？

3. 這個活動是怎樣鍛鍊你在溝通過程中傾聽、訴說技巧的？

4. 在學習環境中，一名學員突然說出一個意想不到的想法，你會有怎樣的反應呢？如果你需要其他學員的幫助，你又會怎麼說？

5. 如果每個人總是樂意接受你的想法，又會怎麼樣呢？如果你總接受他們的想法，你覺得人們會如何看你呢？

◎遊戲總結：

1. 溝通中要時刻關注對方的變化，並做出相應的調整。

2. 這就是說，我們一定要認真地聽取週圍人的觀點，調整事先形成的想法，以適應我們搭檔的語言和想法。

3. 當遇到一個較尷尬的問題時，你不妨這樣回答：「有人能幫我翻譯一下他的想法嗎？」

4. 當你不想接受他人的想法時，對這種情況最好的處理技巧是：

使他人的想法看上去很好。

5.而在這種情況下，你並不需要拋棄你自己的想法，只是將你的想法暫時擱置，留待以後處理。

---

### 培訓師上課常用到的小故事

## 偉人的泥土

著名畫家達·芬奇前半生際遇坎坷，懷才不遇，30多歲時，他投奔到米蘭的一位公爵門下，希望他給自己創造一些機會。

幾年過去了，在達·芬奇的再三要求下，公爵終於開了恩——讓他去給聖瑪麗亞修道院的一個飯廳畫裝飾畫。

這是一件小工作，一個普通的匠人即可完成。但是達·芬奇卻傾盡了自己的所有力量去進行創作。他日夜站在架上，做到暮色沉沉也不肯下來。有時他會雙手抱著肩站在畫前，一站就是三四天。

500年後，這幅名為《最後的晚餐》的壁畫仿佛成了一個寓言：巨人，如果不嫌棄一塊泥土，那麼他就能使它變成黃金。

如果想讓別人承認你，那麼抓住每一個那怕是小小的機會，讓你的光芒從中折射出來。

---

# 9 擠住氣球

◎**遊戲目的**：培訓課程的熱身活動

◎**遊戲時間**：10 分鐘

◎**參與人數**：15～200 人

◎**遊戲道具**：這一活動只是為了樂趣，不是嚴肅的競賽，氣氛儘量保持輕快。這是個體能活動，團隊中每對選手以接力形式與想放鬆的選手比賽。最好作為下午提神的工具。

◎**遊戲步驟**：

1. 每人一個氣球提示，房間內的開放空間劃出起點和終點線，之間距離約 20 英尺。

2. 將參與者分為 6 人一組站在起點處。

3. 要求參與者在小組中找同伴，大家 2 人一組站成排。

4. 給每個參與者發一個氣球。指導他們吹起來並封口。

5. 解釋規則：

這是接力比賽，目標是整組最先完成。在每對選手移至線前面時，他們應該將氣球放在兩人之間，拿住氣球但不許用手。他們可以自行決定用哪個部位來拿氣球(比如背對背，用手臂夾住等)。

然後兩個選手快速走到終點線再走回到起點，期間氣球不許落地。

一對選手走回過起點線後，下一對選手出發。

每對選手都要參加。

如果氣球掉了，2 個選手就必須停下來，重新放好氣球，再繼續

前進。開始接力賽。

　　對拿氣球的方式，做明確規定。要求大家在回來之後，要踩破氣球。向第一個完成的小組發獎品。

# 10 學員名字大傳花

◎**遊戲目的：**活躍氣氛，打破僵局，加速團隊成員之間的瞭解。

◎**遊戲時間：**視人數而定

◎**參與人數：**人數不限，圍成 1 圈。

◎**遊戲道具：**無

◎**遊戲場地：**空地

◎**遊戲步驟：**

1. 第一階段：小組成員圍成 1 圈。

2. 第二階段：

⑴任意提名 1 位隊員自我介紹單位、姓名。

⑵第 2 名隊員輪流介紹，但是要說：「我是……後面的……」

⑶第 3 名隊員說：「我是……後面的……的後面的……」以此下去。

⑷最後介紹的一名隊員要將前面所有學員的名字、單位串起來。

◎**變化：**

　　可讓隊員先各自自我介紹單位、姓名一遍，然後「擊鼓傳花」，「花」傳到誰手上，誰就要將他與在他之前接到花的所有人的單位、姓名復述一遍，擊鼓是由一聲到多聲，也就是從復述一個人的單位、姓名到

最後要復述多個人的單位、姓名,每次擊鼓的時間越久,花傳過的人越多,最後接到花的人要復述的人的單位、姓名最多。

◎遊戲討論:

1. 怎樣才能在短時間內記住別人?

2. 如果你是一個主管,在日常工作之中,你可以培育什麼樣的工作作風和方法,無形中達到團隊成員相互熟悉的目的?

---

## 培訓師上課常用到的小故事

### 膽 量

日本三洋電機的創始人井植歲男,成功地把企業越辦越好。

有一天,他家的園藝師傅對井植說:「社長先生,我看您的事業越做越大,而我卻像樹上的蟬,一生都坐在樹幹上,太沒出息了。您教我一點創業的秘訣吧?」

井植點點頭說:「行!我看你比較適合園藝工作。我工廠旁有兩萬坪空地,我們合作種樹苗吧!樹苗一棵多少錢呢?」

「40 元。」井植又說:「好!以一坪種兩棵計算,扣除走道,2 萬坪大約種 2 萬多棵,樹苗的成本是不是 100 萬元。三年後,一棵可賣多少錢呢?」

「大約 3000 元。」「100 萬元的樹苗成本與肥料費都由我支付,以後 3 年,你負責除草和施肥工作。三年後,我們就可以收入至少 5000 多萬元的利潤。到時候我們每人一半。」

聽到這裏,園藝師傅卻拒絕說:「哇?我可不敢做那麼大的生意!」

最後,他還是在井植家中栽種樹苗,按月拿取工資,白白失去了致富良機。

要成功地賺大錢，非得有膽量不可。一個沒有膽識的人，再好的機會到來，也不敢去掌握與嘗試；固然他沒有失敗的機會，但也失去了成功的機會。世界上本沒有路，我們走過之後，路自然形成了。

# 11 扮演人體相機

◎**遊戲目的**：回顧課程內容，歸納吸收相關內容。

◎**遊戲時間**：10～15 分鐘

◎**參與人數**：兩人一組

◎**遊戲道具**：無

◎**遊戲場地**：不限

◎**遊戲步驟**：

1. 由學員自行選定一位夥伴，兩人一組，並決定誰先扮演相機，另一位則扮演攝影師。

2. 扮演相機者的眼睛代表鏡頭，耳朵代表快門按鈕；攝影師請站在相機後方(面向扮演相機者的背部)。

3. 角色選定後，由攝影師按著相機的肩膀引導到各處取景；在按快門拍照前，相機的眼睛都是閉著，當攝影師按下快門後，相機的眼睛即快速打開紀錄約一秒然後閉上，再由攝影師引導至他處取景。

4. 攝影師完成照片記錄後，兩人角色互換。

5. 在取景的過程中，請注意安全。

## ◎遊戲討論:

1. 通常此活動會安排在課程的最後,透過活動讓學員對當次的學習過程做及時的回顧與歸納,此時可設定學員拍攝張數,並給予拍攝主題。例如邀請學員每人拍攝兩張照片;一張是這次學習過程中對自己影響最深的場景的照片,另一張是在這次的學習過程中,最想送給團隊的一張照片。拍攝照片時,攝影師對扮演相機者描述照片的意義,再由相機的角色口述此張照片。

2. 另外一種方式是採取多張數的拍攝方式(張數多寡訓練員可設定),相機只需單純且忠實地紀錄影像,眼睛看到什麼就記什麼(就像一張白紙,沒有任何先入為主的觀念)。以這種方式實際體會「不帶有偏見地看待事物」,透過他人的觀點,沒有預設立場的「看見」,真正地瞭解什麼才是事物的「真相」。當人在面臨一個新的問題時,能不帶任何偏見(經驗),才會真正看到「問題」的實質。創意得以發揮,問題才能被解決。

---

### 培訓師上課常用到的小故事

## 自己先站起來

曾經聽過這麼一個宗教故事。

從前,有個生痲瘋病的病人,病了近 40 年,一直躺在路旁,等人把他帶到有神奇力量的水池邊。但是他躺在那兒近 40 年。仍然沒有往水池目標邁進半步。

有一天,天神碰見了他,問道:「先生,你要不要被醫治,解除病魔?」

那痲瘋病人說:「當然要!可是人心好險惡,他們只顧自己,絕不會幫我。」天神聽後,再問他說:「你要不要被醫治?」「要,

當然要啦！但是等我爬過去時，水都乾涸。」天神聽了那痲瘋病人的話後，有點生氣，再問他一次：「你到底要不要被醫治？」他說：「要！」

天神回答說：「好，那你現在就站起來自己走到那水池邊去，不要老是找一些不能完成的理由為自己辯解。」

聽後，那痲瘋病人深感羞愧，立即站起身來，走向池水邊去，用手心盛著神水喝了幾口。剎那間，他那糾纏了近 40 年的痲瘋病竟然好了！

理想每個人都有，成功每個人都要。但如果今天您的理想尚未達到，成功遙不可及，您是否曾經問過自己：我為自己的理想付出了多少努力？我是不是經常找一大堆藉口來為自己的失敗而狡辯？其實，我們不要為失敗找藉口，應該為成功找方法。只要努力去開發，命運將永遠跟著你。

# 12 傳達冬天一把火

◎**遊戲目的**：1. 打破僵局。

2. 幫助與會人員在會議初期就彼此熟悉起來，並且相處融洽。

◎**遊戲時間**：8 分鐘

◎**參與人數**：集體參與

◎**材料**：網球或海綿球

◎**遊戲場地**：不限

## ◎遊戲步驟：

1. 把與會人員分成一些兩人小組。

2. 請每一組就以下一個或幾個問題進行交談，交談問題的數量視時間而定。

⑴在他們的生活中發生的異乎尋常的 3 件事。

⑵他們擁有的特殊才能或愛好。

⑶他們承擔過的最重要的兩項工作。

⑷在這個世界上，他們最崇敬(或最鄙視)的人。

⑸能夠最準確地表現他們的個性與感受的一種色彩或 1 種動物。

3. 請與會人員想像一下他們最好的朋友會採取什麼方式來做自我介紹，然後用這種方式來介紹自己的好惡、喜愛的消遣方式、個人的抱負等等。

4. 請與會人員按照下列要求進行自我介紹：「告訴我們你的全名和任意一個綽號或簡稱，你是用誰的名字來命名的，你是否喜歡自己的姓名。還有，告訴我們，如果有機會的話你會選擇另外那個名字，為什麼會這樣選擇。」

5. 拿一個軟球(網球或海綿球)，請與會人員圍成一圈。

6. 把球扔給一個人，請那人講一些關於自己的不同尋常的事，然後再把球扔給另一個人。

7. 重覆這一過程。

8. 提醒與會人員注意，只有在第 2 次接到球後，才能說出自己的名字。

## ◎遊戲討論：

1. 你的名字有什麼特殊含義嗎？你是否認真思考過它的含義？

2. 對你來說，名字意味著什麼？僅僅是一個代號嗎？

◎遊戲總結：

1. 名稱是最好的引發話題的因素，你最好是能仔細想想自己名字的含義，那怕是你人為編出來的也沒什麼關係。這樣，和陌生人見面時，你就可以從它入手開始你們的談話了。

2. 在初次見面的溝通中，可以從各自最熟悉的人或物談起，這樣可以避免尷尬和拘謹，也有利於逐步找到共同點。

---

### 培訓師上課常用到的小故事

#### 駱　　駝

在動物園裏的小駱駝問媽媽：「媽媽、媽媽，為什麼我們的睫毛那麼長？」駱駝媽媽說：「當風沙來的時候，長長的睫毛可以讓我們在風暴中都能看得到方向。」小駱駝又問：「媽媽、媽媽，為什麼我們的背那麼駝，醜死了！」駱駝媽媽說：「這個叫駝峰，可以幫我們儲存大量的水和養分，讓我們能在沙漠裏耐受十幾天的無水無食條件。」小駱駝又問：「媽媽、媽媽，為什麼我們的腳掌那麼厚？」駱駝媽媽說：「那可以讓我們重重的身子不至於陷在軟軟的沙子裏，便於長途跋涉啊。」小駱駝高興壞了：「哇，原來我們這麼有用啊！可是媽媽，為什麼我們還在動物園裏，不去沙漠遠足呢？」

天生我才必有用，可惜現在沒人用。一個好的心態＋一本成功的教材＋一個無限的舞臺＝成功。每人的潛能是無限的，關鍵是要找到一個能充分發揮潛能的舞臺。

---

# *13* 學員的星座

◎**遊戲目的**：幫助與會人員彼此立即熟悉起來。

◎**遊戲時間**：8 分鐘

◎**參與人數**：集體參與

◎**材料**：印有各種星相及相關內容的圖表

◎**遊戲場地**：不限

◎**遊戲步驟**：

1. 把 12 星相圖貼在房間裏，圖與圖之間要保持足夠的距離。這樣，在每張星相圖前都可以聚集一組人進行討論而又不至於干擾其他幾個小組的談話。

2. 會議開始時，請與會人員站到自己的星相圖前。

3. 小組形成以後，給他們 5 分鐘時間做自我介紹，並討論與各自星相有關的特點(如果與會人員較多，可以把大組分成幾個小組，要把每組的人數控制在 5～6 人)。

4. 5 分鐘後，宣佈結束時間已到，請大家回到座位上去。

5. 如果時間允許，可以請幾個小組報告一下他們的發現。

◎**遊戲討論**：

1. 你的星相特點對你適用嗎？

2. 有時我們是不是會讓「星相」影響我們的行為方式？為什麼？

3. 你是否見過一個人的星相會有助於或有礙於其建立良好的人際關係？

4. 你的自我認識「符合」你的星相特點嗎？

## ◎遊戲總結：

1. 每個人總能找出或多或少地符合自己星相的特點出來。

2. 有時候，為了符合星相，我們會有意識地調整和控制自己，甚至把它當作一個行為準則。

3. 星相有時可以為一些相互陌生的人找到一些共同點是共同話題，但要注意避免對星相的歸屬心態所帶來的人際交往中的阻礙作用。

---

### 培訓師上課常用到的小故事

### 小 黑 點

念中學時，一位老師和我們玩一個遊戲，他拿起一張白紙，紙上有一圓形小黑點，問我們看到什麼，十個人有九個人回答:「黑點。」

「這就是我們看人的角度，」老師語重心長地說,「我手裏拿著的明明是張雪白的紙，它只不過有一小黑點，你們便忽略了大部份的白，只看到那點黑。」

老師的教導深深打動了我。可不是嗎？我們總發現別人的缺點，忽視他們的優點，有時甚至會把一個缺點放大到等同整個人。

不單是觀人的態度，遊戲的寓意還可以推展至人生際遇。考試不及格、遺失了錢包、被老闆開除、跟情人鬧翻、遭朋友出賣、沒有中彩票……這些都是令人不快的原因，但如果張開心靈的眼睛看看，它們不過是一大張白紙中的小黑點而已，你還有健康的身體、清醒的腦袋、關懷你的家人、朋友和許許多多值得你高興的事物。不開心時對著鏡子笑一笑，保證海闊天空。

# 14 我們談一談

◎ **遊戲目的：** 1. 當學員全都互不認識時，用這個遊戲可立即打破僵局。

2. 用此遊戲來闡述手勢的作用，以及說明手勢的運用在談話中是十分自然的。

3. 如果不使用任何肢體語言，口頭交流將會或多或少顯得有些拘謹和尷尬。

◎ **遊戲時間：** 10～15 分鐘

◎ **參與人數：** 全體參與，兩人一組

◎ **遊戲道具：** 無

◎ **遊戲場地：** 教室或會議室

◎ **遊戲步驟：**

1. 告訴學員接下來的幾分鐘將用來進行一項簡單的遊戲。請兩人一他們組，與鄰座的人進行交流。時間為 2～3 分鐘。交談的內容不限。

2. 2～3 分鐘後，請大家停下。

3. 請學員說明在剛才的交談中發現對方有那些非語言的表現(如肢體語言或表情)。比如：有的人不停地擺弄手中的筆，有的人則一個勁地輕敲桌子。

4. 當大家說完後，告訴學員我們常常是無意識地做這些動作的。

5. 請大家繼續交談 2～3 分鐘。但這次必須十分注意不要有任何肢體語言。

## ◎遊戲討論：

1. 在第一次談話中，我們中大多數人是否意識到自己的肢體動作？

2. 你們有沒有發現對方有什麼令人不快或心煩意亂的動作或姿勢？

3. 當我們被迫在不使用任何肢體活動交談時，有什麼感覺？不做動作的交流是否和先前的一樣有效？

4. 我們是否發現：有時候肢體語言比語言本身更富有內涵？我們聽不到的真正意義，卻可以通過對方的肢體語言觀察到？

5. 在日常社交中，我們應該時刻注意自己的肢體語言的表達，好的肢體語言會更有助於溝通；反之，會給我們的社交帶來阻礙。

### 培訓師上課常用到的小故事

### 樂觀者與悲觀者

父親欲對一對孿生兄弟作「性格改造」，因為其中一個過分樂觀，而另一個則過分悲觀。一天，他買了許多色澤鮮豔的新玩具給悲觀孩子，又把樂觀孩子送進了一間堆滿馬糞的車房裏。

第二天清晨，父親看到悲觀孩子正泣不成聲，便問：「為什麼不玩那些玩具呢？」

「玩了就會壞的。」孩子仍在哭泣。

父親歎了口氣，走進車房，卻發現那樂觀孩子正興高采烈地在馬糞裏掏著什麼。

「告訴你，爸爸。」那孩子得意洋洋地向父親宣稱，「我想馬糞堆裏一定還藏著一匹小馬呢！」

樂觀者在每次危難中都看到了機會，而悲觀的人在每個機會

中都看到了危難。樂觀者與悲觀者之間，其差別是很有趣的：樂觀者看到的是油炸圈餅，悲觀者看到的是一個窟窿。

# 15 我是狗仔隊

◎ **遊戲目的：** 讓學員之間快速地互相熟悉起來。

◎ **遊戲時間：** 30 分鐘

◎ **參與人數：** 全體參與，兩人一組

◎ **遊戲道具：** 無

◎ **遊戲場地：** 室內

◎ **遊戲步驟：**

1. 將所有人進行分組，每組兩人。

2. 培訓師提問：在小組裏誰願意作為 A？

3. 剩下的人為 B。

4. 培訓師說：選 A 的人代表八卦雜誌的記者，俗稱「狗仔隊」，代表 B 的是被採訪的明星，A 可以問 B 任何問題，B 必須說真話，可以不回答，時間 3 分鐘，不可以用筆記。

5. 3 分鐘後角色互換。

◎ **遊戲討論：**

1. 該遊戲可用於溝通遊戲當中，主要說明認識和與陌生人進行交往的一些知識。例如，我們將談話的內容分為幾個層次，最外層的談話是對客觀環境的交談，比如談天氣，談股市，這些比較容易交談；第二層就是一些談話者自身的一些話題，比如交談社會角色的話題，

例如「你的家庭狀況如何呀」「你是那裏人呀」等問題;第三層就更深一層,會涉及到個人隱私部份等比較敏感的話題,比如對性與金錢的態度、個人能力的判斷等;最後一層則是個人內心的真實世界,比如道德觀、價值觀等。不同層次的話題適合不同的場合和談話對象,層次越高,雙方的溝通和相互信任越能體現出來。

2. 對於直接面向客戶式的銷售人員的溝通能力很重要,就是要懂得循序漸進地將顧客心理的保護屏障一層層剝掉,從而使顧客達到內心的信任,促使銷售成功。

3. 此遊戲還可以進行改編,即將原先的分組重新組合,每 6 人一個組,原來的搭檔必須仍在同一組,可由 A 扮演 B 的角色,以 B 的身份說出剛剛所掌握的 B 的情況,並告訴其他隊員;做完之後互換角色,達到小組成員能夠迅速地認識同伴並建立關係的目的。

## 培訓師上課常用到的小故事

### 昂起頭來真美

珍妮是個總愛低著頭的小女孩,她一直覺得自己長得不夠漂亮。有一天,她到飾物店去買了只綠色蝴蝶結,店主不斷讚美她戴上蝴蝶結挺漂亮,珍妮雖不信,但是戴上之後還是挺高興,不由昂起了頭,急於讓大家看看,出門與人撞了一下都沒在意。

珍妮走進教室,迎面碰上了她的老師,「珍妮,你昂起頭來真美!」老師愛撫地拍拍她的肩說。

那一天,她得到了許多人的讚美。她想一定是蝴蝶結的功勞,可往鏡子前一照,頭上根本就沒有蝴蝶結,一定是出飾物店時與人一碰弄丟了。

自信原本就是一種美麗,而很多人卻因為太在意外表而失去

很多快樂。別看它是一頭黑母牛，牛奶一樣是白的。無論是貧窮還是富有，無論是貌若天仙，還是相貌平平，只要你昂起頭來，快樂會使你變得可愛——人人都喜歡的那種可愛。

# 16 尋找自己的同伴

◎遊戲目的：1. 通過道具協助學員尋找自己的同伴。

2. 增進學員彼此熟悉的程度，增加團隊凝聚力。

3. 通過道具的使用增強學員的觀察、溝通能力。

4. 是活動分組的一種方式

◎遊戲時間：10～15 分鐘

◎參與人數：全體參加

◎遊戲道具：拼圖

◎遊戲場地：室內

◎遊戲步驟：

1. 培訓師首先根據人數給到場的學員每人發一小塊拼圖。培訓師可以根據希望分成的組數，每組有多少人來設置可以拼在一起的塊數。

2. 培訓師告訴學員每個人根據自己手上的小拼圖去尋找其他同伴。例如：每個小圖案是由 4 小塊拼圖組成的，大家如果找到自己的同伴就請圍成一圈坐好，看那組最快。

3. 分好組後，可以讓大家根據所拼的圖案起隊名、設計隊徽等。

◎遊戲討論：

1. 在尋找同伴的過程中，如何能最快找齊自己的同伴？

2. 你是主動尋找還是被動等待？

### 培訓師上課常用到的小故事

## 氣　球

　　有一次，一個推銷員在紐約街頭推銷氣球。生意稍差時，他就會放出一個氣球。當氣球在空中飄浮時，就有一群新顧客聚攏過來，這時他的生意又會好一陣子。他每次放的氣球都變換顏色，起初是白的，然後是紅的，接著是黃的。過了一會兒，一個黑人小男孩拉了一下他的衣袖，望著他，並問了一個有趣的問題：「先生，如果你放的是黑色氣球，會不會升到空中？」氣球推銷員看了一下這個小孩，就以一種同情，智慧和理解的口吻說：「孩子，那是氣球內所裝的東西使它們上升的。」

　　恭喜這個孩子，他碰到了一位肯給他的人生指引方向的推銷員。「氣球內所裝的東西使它們上升」，同樣，也是我們內在的東西使我們進步，關鍵在於你自己，你有權決定你的命運！

## 心得欄

- - - - - - - - - - - - - - - - - - - - - - - - - - - - - - - - -
- - - - - - - - - - - - - - - - - - - - - - - - - - - - - - - - -
- - - - - - - - - - - - - - - - - - - - - - - - - - - - - - - - -
- - - - - - - - - - - - - - - - - - - - - - - - - - - - - - - - -
- - - - - - - - - - - - - - - - - - - - - - - - - - - - - - - - -

# *17* 音樂變奏曲

◎ **遊戲目的**：活躍氣氛

◎ **遊戲時間**：15 分鐘

◎ **參與人數**：全體學員

◎ **遊戲道具**：無

◎ **遊戲場地**：不限

◎ **遊戲步驟**：

1. 讓所有學員利用身體的任何部份碰撞發出兩種以上的聲音(會發現學員發出各種各樣的聲音來，場面一片混亂)。

2. 讓所有學員用最擅長的方式發出聲音(會發現學員的聲音會進行匯合，形成幾個主流的聲音)。

3. 培訓師引導大家漸漸形成 4 種聲音發出的方式：

⑴手指互相敲擊：

⑵兩手輪拍大腿；

⑶大力鼓掌；

⑷跺腳。

4. 問學員：如何將我們發出的聲音變成有節奏的聲音呢？是不是可以利用一種自然界的現象來使我們發出的聲音變得美妙動聽？——(用聲音來描繪一曲《雨點變奏曲》)。

5. 想像一下，我們發出的聲音和下雨會不會有許多相似的地方：

⑴「小雨」——手指互相敲擊；

⑵「中雨」——兩手輪拍大腿；

⑶「大雨」──大力鼓掌；

⑷「暴雨」──跺腳。

6. 培訓師說：「現在開始下小雨，小雨變成中雨，中雨變成大雨，大雨變成暴風雨，暴風雨變成大雨，大雨變成中雨，又逐漸變成小雨⋯⋯最後雨過天晴。」隨著不斷變化的手勢，讓學員發出的聲音不斷變化，場面會非常熱烈。

7. 最後，「讓我們以暴風驟雨的掌聲迎接⋯⋯」

8. 注意：引導並控制場面，使其熱烈而不混亂。

## 培訓師上課常用到的小故事

### 你的心態

古時有一位國王，夢見山倒了，水枯了，花也謝了，便叫王后給他解夢。王后說：「大勢不好。山倒了表示江山要倒；水枯了表示民眾離心，君是舟，民是水，水枯了，舟也不能行了；花謝了指好景不長了。」國王驚出一身冷汗，從此患病，且愈來愈重。

一位大臣要參見國王，國王在病榻上說出他的心事，那知大臣一聽，大笑說：「太好了，山倒了表示從此天下太平；水枯表示真龍現身，國王，你是真龍天子；花謝了，花謝見果子呀！」國王全身輕鬆，很快痊癒。

強者對待事物，不看消極的一面，只取積極的一面。如果摔了一跤，把手摔出血了，他會想：多虧沒把胳膊摔斷；如果遭了車禍，撞折了一條腿，他會想：大難不死必有後福。強者把每一天都當做新生命的誕生而充滿希望，儘管這一天有許多麻煩事等著他；強者又把每一天都當做生命的最後一天，備加珍惜。

美國潛能成功學家羅賓說：「面對人生逆境或困境時所持的信

念，遠比任何事來得重要。」這是因為，積極的信念和消極的信念直接影響創業者的成敗。

# *18* 熟悉他是誰

◎**遊戲目的**：1. 協助學生認識自己眼中的「我」及他人眼中的「我」。

2. 增進學生彼此熟悉的程度，增加班級凝聚力。

◎**遊戲時間**：40 分鐘

◎**參與人數**：全體參與

◎**遊戲道具**：A4 紙、筆

◎**遊戲場地**：室內

◎**遊戲步驟**：

1. 教師發給每位學生一張 A4 紙。

2. 學生兩兩分組，1 人為甲，1 人為乙(最好是找不熟悉的同學為伴)。

⑴甲先向乙介紹自己是一個什麼樣的人，乙則在 A4 紙上記下甲所說之特質，歷時 5 分鐘。

⑵教師宣佈活動的規定：自我介紹者，在說了一個缺點之後，就必須說一個優點。5 分鐘後，甲乙角色互換，由乙向甲自我介紹 5 分鐘，而甲做記錄。

⑶ 5 分鐘後，教師請甲乙兩人取回對方記錄的紙張，在背面的右上角簽上自己的名字；然後彼此分享做此活動的心得或感受，並討

論介紹自己的優點與介紹自己的缺點：何者較為困難？為何會如此？個人使用那些策略度過這 5 分鐘？兩人之中必須有一人負責記錄討論結果。

3. 學生 3 個小組或 4 個小組並為一大組，每大組有 6～8 人。

⑴兩人小組中負責記錄的人向其他人報告小組討論的結果。

⑵分享後，老師請每位同學將其簽名之 A4 紙(空白面朝上)傳給右手邊的同學，而拿到簽名紙張的同學則根據其對此位同學的觀察與瞭解，於紙上寫下「我欣賞你……，因為……」寫完之後則依序向右傳，直到簽名紙張傳回到本人手上為止。

⑶每個人與其他組員分享他看到別人回饋後的感想與收穫。

4. 全班學生回到原來的位子。

⑴教師請自願者或邀請一些同學分享此次活動的感想與收穫。

⑵教師說明「瞭解真實的『我』」與「接納真實的『我』」的重要性。

---

### 培訓師上課常用到的小故事

## 心中的玻璃

一位業務員在體檢後，被醫生宣判得了癌症，只有三個月的壽命了。驚慌之餘，冷靜地思考如何安排剩下的時日，他終於下定決心，打算不動聲色，平靜地過完最後的人生旅程，而留下一個好名聲。於是在公司忠於職守，不再像往日般與同事、客戶爭辯，反而自認來日不多，一再忍讓，保持和諧，在家中，不再打罵小孩及太太，反而常常抽空與家人外出遊玩。

三個月很快過去了，原本人人討厭的他變成公司主管重視、同事愛戴、客戶歡迎的模範員工，不但晉了級，又加了薪，一家

人更和樂融融，幸福美滿。正當面對人生的最後一站時，卻接到醫院的通知，原來檢查報告弄錯了，他的身體健康，一切正常。

他還是他，一切都沒有改變，只是因為本身態度的轉變，整個人生為之改觀。所以，當你由玻璃看窗外時，若玻璃是綠色，外面的世界就是綠色的，若玻璃是紅色，你看到的就是紅色世界，這塊玻璃就在你的心中。

這個世界的好壞是由你自己決定的。你心中的玻璃是什麼顏色？那一種對你最有利？

# *19* 捉掃把

◎**遊戲目的**：訓練個人的集中注意能力和反應能力。

◎**遊戲時間**：5 分鐘

◎**參與人數**：幾人圍成圓圈，一人在圓內

◎**遊戲道具**：長柄掃把一把

◎**遊戲場地**：室內

◎**遊戲步驟**：

1. 第一階段：幾個人排成圓圈定號碼，一個人站在圓圈中間，手中握著掃把，讓掃把立在中間。

2. 第二階段：

⑴中間的人說出一個號碼，同時把手中倒立的掃把放開。

⑵被叫到號碼的人立刻跑去在掃把倒地前抓住掃把。

3. 第三階段：沒抓住的人受罰。

◎注意：

頭腦和手腳同步迅速反應。

◎變化：

可以不編號，圓心中的人說一個人的名字，但需要去扶掃把的不是他，而是他左邊的人。

◎遊戲討論：

1. 叫到你名字時你的第一反應是什麼？叫到別人名字該你去扶掃把時你的第一反應又是什麼？

2. 如果你沒有扶住掃把，大家哄堂大笑時，你的感受是怎樣的？

---

## 培訓師上課常用到的小故事

### 鵝卵石的故事

在一次時間管理的課上，教授在桌子上放了一個裝水的罐子。然後又從桌子下面拿出一些正好可以從罐口放進罐子裏的「鵝卵石」。當教授把石塊放完後問他的學生道：「你們說這罐子是不是滿了？」

「是！」所有的學生異口同聲地回答說。「真的嗎？」教授笑著問。然後又從桌底下拿出一袋碎石子，把碎石子從罐口倒下去，搖一搖，再加一些，再問學生：「你們說，這罐子現在是不是滿的？」這回他的學生不敢回答得太快。最後班上有位學生怯生生地細聲回答道：「也許沒滿。」

「很好！」教授說完後，又從桌下拿出一袋沙子，慢慢地倒進罐子裏。倒完後，於是再問班上的學生：「現在你們再告訴我，這個罐子是滿的呢？還是沒滿？」

「沒有滿！」全班同學這下學乖了，大家很有信心地回答說。

「好極了！」教授再一次稱讚這些孺子可教的學生們。稱讚完了，教授從桌底下拿出一大瓶水，

把水倒在看起來已經被鵝卵石、小碎石、沙子填滿了的罐子。當這些事都做完之後，教授正色問他班上的同學「我們從上面這些事情得到什麼重要的啟示？」

班上一陣沉默，然後一位自以為聰明的學生回答說：「無論我們的工作多忙，行程排得多麼滿，如果再逼一下的話，還是可以多做些事的。」這位學生回答完後心中很得意地想「這門課到底講的是時間管理啊！」

教授聽到這樣的回答後，點了點頭，微笑道：「答案不錯，但並不是我要告訴你們的重要信息」。」說到這裏，教授故意頓住，用眼睛向全班同學掃了一遍說：「我想告訴各位最重要的信息是，如果你不先將大的鵝卵石放進罐子裏去，你也許以後永遠沒機會把它們再放進去了。」

其實對於我們工作中許多的事件，可以按重要性和緊急性的不同組合，確定處理的先後順序。做到鵝卵石、碎石子、沙子、水都能放到罐子裏去。而對於我們人生旅途中出現的事件，也應該如此處理。也就是平常所說的處在那一年齡段要完成那一年齡段應完成的事，否則，時過境遷，失去機會就很難補救了。

■培訓叢書㉜ ・企業培訓活動的破冰遊戲(增訂二版) ⋯⋯⋯⋯⋯⋯⋯⋯⋯⋯⋯

# 20 學員互相介紹

◎**遊戲目的：**讓與會人員認識至少1成以上的其他與會人員。

◎**遊戲時間：**視人數而定

◎**參與人數：**所有人圍成兩個大圓圈，一個套在另一個裏面

◎**遊戲道具：**無

◎**遊戲場地：**不限

◎**遊戲步驟：**

1. 將所有入圍成兩個同心圓，隨著歌聲同心圓轉動，歌聲一停，面對面的兩人要相互自我介紹。

⑴排成相對的兩個同心圓，邊唱邊轉，內外圈的旋轉方向相反。

⑵歌聲告一段落時停止轉動，面對面的人彼此握手寒暄並相互自我介紹。歌聲再起時，遊戲繼續進行。

2. 在遊戲中，所有人以同樣的熱情結識不同的人。

◎**遊戲討論：**

1. 當歌聲停止，你能很自如地與你正對著的人相互自我介紹嗎？

2. 介紹完後，你是否有意識地想要努力記住別人的名字？

## 培訓師上課常用到的小故事

### 選定目標不放棄

有一位老師在講臺上諄諄告誡學生做事要專心，將來才會有成就。為了具體說明專心的重要，老師叫一名學生上臺，雙手各持一支粉筆，要求他在黑板上同時用右手畫方，左手畫圓，結果

- 46 -

學生畫得一團糟。老師說:「這兩種圖形都畫得不像,那是因為分心的緣故。同時追逐兩隻兔,不如追逐一隻兔。一個人同時有兩個目標的話,到頭來一事無成。」

成功最大的障礙,就在於放棄。人生就像爬階梯一樣,必須一步一階,絲毫取巧不得;只要一步一階,終必抵達山頂。

# 21 猜一猜我是誰

◎**遊戲目的**：使初步認識的隊員再次彼此認識。

◎**遊戲時間**：10～20分鐘

◎**參與人數**：全體參與

◎**遊戲道具**：不透明的幕布一條

◎**遊戲場地**：不限

◎**遊戲步驟**：

1. 參加的人員分成兩邊。

2. 依序說出每人的姓名或希望別人如何稱呼自己。

3. 訓練員與助理訓練員手拿幕布隔開兩邊成員,分組蹲下。

4. 第一階段西邊成員各派一位代表至幕布前,隔著幕布面對面蹲下,訓練員喊一、二、三,然後放下幕布,兩位成員以先說出對面成員姓名或綽號者為勝,勝者可將對面成員俘虜至本組。

5. 第二階段兩邊成員各派一位代表至幕布前背對背蹲下,訓練員喊一、二、三,然後放下幕布,兩位成員靠組內成員提示(不可說出姓名、綽號),以先說出對面成員之姓名或綽號者為勝,勝者可將對

面成員俘虜至本組。

6. 活動進行至其中一組人數少於 3 人即可停止。

◎注意：

1. 選擇的幕布必須不透明，以免預先看出夥伴而失去公平性及趣味性。

2. 成員蹲在幕布前，避免踩在幕布上，以免操作幕布時跌倒。

3. 訓練員應制止站立或至側邊偷窺的情況發生。

4. 組員不可離訓練員太近，以免操作幕布時產生撞擊。

5. 組員叫出名稱時間差距長短，訓練員須注意公平性。

6. 本活動不適用於不熟悉的團隊。

◎變化：

1. 可增加幕布前代表人數。

2. 可讓組員背部貼緊幕布，憑其輪廓猜出其姓名或綽號。

3. 可在排球場進行，以海灘球互相投擲時，需要叫出對方隊友姓名或綽號，全部叫完前不可重覆。

◎遊戲討論：

1. 如果繼續玩下去誰會贏？誰會輸？

2. 這個遊戲是沒有輸和贏的，也就是雙贏的概念。

---

## 培訓師上課常用到的小故事

### 方向決定命運

過去同一座山上，有兩塊相同的石頭，三年後發生截然不同的變化，一塊石頭受到很多人的敬仰和膜拜，而另一塊石頭卻受到別人的唾罵。這塊石頭極不平衡地說道：老兄呀！曾經在三年前，我們同為一座山上的石頭，今天產生這麼大的差距，我的心

裏特別痛苦。另一塊石頭答道：老兄，你還記得嗎？曾經在三年前，來了一個雕刻家，你害怕割在身上一刀刀的痛，你告訴他只要把你簡單雕刻一下就可以了，而我那時想像未來的模樣，不在乎割在身上一刀刀的痛，所以產生了今天的不同。

兩者的差別：一個是關注想要的，一個是關注懼怕的。

過去的幾年裏，也許同是兒時的夥伴、同在一所學校念書、同在一個部隊服役、同在一家單位工作，幾年後，發現兒時的夥伴、同學、戰友、同事都變了，有的人變成了「佛像」石頭，而有的人變成了另外一塊石頭。你期望自己怎樣生活在這個世界上，未來成為一個什麼樣的人，你最想得到的是什麼。假如有一輛沒有方向盤的超級跑車，即使有最強勁的發動機，也一樣會不知跑到那裏；同理，不管你希望擁有財富、事業、快樂，還是期望別的什麼東西，都要明確它的方向在那裏？我為什麼要得到它？我將以何種態度和行動去得到它。

「人生教育之父」卡耐基說：「我們不要看遠方模糊的事情，要著手身邊清晰的事物。」假設今天上帝給你一次機會，讓你選擇五個你想要的事物，而且都能讓你夢想成真，你第一個想要的是什麼，假如只要你選擇一個，你會做何選擇呢？假如生命危在旦夕，你人生最大的遺憾，是什麼事情沒有去做或者尚未完成？假如給你一次重生的機會，你最想做的事情是什麼？如果發現了你最想要的，就把它馬上明確下來，明確就是力量。它會根植在你的思想意識裏，深深烙印在腦海中，讓潛意識幫助你達成所想要的一切。在這個世界上沒有什麼做不到的事情，只有想不到的事情，只要你能想到，下定決心去做，你就一定能得到。

不是我們的命運沒有別人的好，而是我們人生方向是不是同

別人的一樣好才關鍵。

# 22 報數大比賽

◎遊戲目的：活躍氣氛
◎遊戲時間：15 分鐘
◎參與人數：5～10 人
◎遊戲道具：無
◎遊戲場地：不限
◎遊戲步驟：

1. 所有人圍成一圈，需要共同完成一件任務——數數。數數的規則是每人按照順序一個人數一個數，從 1 數到 50，遇到 7 或 7 的倍數時，就以拍巴掌表示。然後由原來的逆時針順序改為順時針開始數。

2. 比如，開始按順時針方向數到 6 以後，數 7 的人拍一下巴掌，然後按逆時針方向數 8，當數到 14 的時候，拍一下巴掌，方向又變為順時針，以此類推，直到數到 50。

3. 數錯的人可以罰表演節目或者分小組進行競賽。

◎注意：

數到 20，一般得練習幾次以後，數到 35 就很費時間了，數到 50 一般是很難做到的。

## 培訓師上課常用到的小故事

### 道一聲早安

上世紀 30 年代，一位猶太傳教士每天早晨，總是按時到一條鄉間土路上散步。無論見到任何人，總是熱情地打一聲招呼：「早安。」

其中，有一個叫米勒的年輕農民，對傳教士這聲問候，起初反應冷漠，在當時，當地的居民對傳教士和猶太人的態度是很不友好的。然而，年輕人的冷漠，未曾改變傳教士的熱情，每天早上，他仍然給這個一臉冷漠的年輕人道一聲早安。終於有一天，這個年輕人脫下帽子，也向傳教士道一聲：「早安。」

好幾年過去了，德國納粹黨上臺執政。

這一天，傳教士與村中所有的人，被納粹黨集中起來，送往集中營。在下火車列隊前行的時候，有一個手拿指揮棒的指揮官，在前面揮動著棒子，叫道：「左，右。」被指向左邊的是死路一條，被指向右邊的則還有生還的機會。傳教士的名字被這位指揮官點到了，他渾身顫抖，走上前去。當他無望地抬起頭來，眼睛一下子和指揮官的眼睛相遇了。

傳教士習慣地脫口而出：「早安，米勒先生。」

米勒先生雖然沒有過多的表情變化，但仍禁不住還了一句問候：「早安。」聲音低得只有他們兩人才能聽到。最後的結果是：傳教士被指向了右邊——意思是生還者。人是很容易被感動的，而感動一個人靠的未必都是慷慨的施捨，巨大的投入。往往一個熱情的問候，溫馨的微笑，也足以在人的心靈中灑下一片陽光。

不要低估了一句話、一個微笑的作用，它很可能使一個不相

識的人走近你，甚至愛上你，成為你開啟幸福之門的鑰匙，成為你走上柳暗花明之境的一盞明燈。有時候，「人緣」的獲得就是這樣「廉價」而簡單。

# 23 傳球遊戲

◎遊戲目的：

1. 開闊眼界，懂得與對手共贏。

2. 團隊之間既競爭又合作的關係，只有成員之間齊心協力，相互合作，才能實現共贏。

◎參與人數：20 人

◎遊戲時間：15 分鐘

◎遊戲道具：皮球一個

◎遊戲場地：室內外均可

◎遊戲步驟：

傳球遊戲考察的不僅是自己與他人的配合程度，還考驗小組與小組之間的配合程度。傳球遊戲反應的是團隊之間既競爭又合作的關係。只有小組內部成員之間齊心協力，小組與小組之間相互合作，才能實現共贏。

1. 將全體學員分成 4～5 個小組，所有小組圍成一個大圓圈，一個組的隊員必須在一起，不能錯開。

2. 然後將一個小球交給第一隊第一名隊員，要求小球必須傳過每一個人，不能落地，並規定在 60 秒的時間內必須傳完 5 圈。

3. 到了規定時間，若沒有完成 5 圈，則小球在哪組隊員手中，該組全體就受罰(罰做俯臥撐等)。

4. 遊戲繼續進行第二輪。

◎注意：

1. 開始後，第一輪學員們就會發現要在這麼短的時間內傳 5 圈是不可能的；

2. 在第二輪中，有的隊可能故意放慢節奏來「陷害」其他隊。這時候培訓人員要引導，反復幾輪後讓他們發現，「陷害」其他隊並不可取，因為其他隊也會「陷害」自己隊；要順利完成傳球而讓大家都不受罰的唯一方法，就是共同努力創造紀錄，比如大家把手伸出形成平面，讓球在上面滾過去。

3. 隊員可能因受罰而產生情緒，認為不公平，所以每輪傳球要從不同的起點開始，並在開始前打好預防針。

◎遊戲討論：

1. 學員們發現短時間內傳 5 圈是不可能的之後，是不是開始商量加快速度的對策了？

2. 通過放慢節奏來「陷害」其他隊的這種行為可不可取？是不是最後反而也不利於自己？

◎遊戲總結：

在遊戲中太緊張、著急、過於慌亂，或是投機取巧都不能獲得成功。想方法使小球在 30 秒內轉過 5 圈才是關鍵。讓大家把手伸出形成平面，讓球在上面滾過，這才能實現團隊的共贏。

# 24 棒打薄情鬼

◎遊戲目的：使初步認識的學員，再次彼此認識。

◎遊戲時間：15 分鐘

◎參與人數：全體參與

◎遊戲道具：柔軟棉棒一根

◎遊戲場地：不限

◎遊戲步驟：

1. 參加學員圍成一個圓圈，雙手平舉胸前(與圓心的訓練員隔一米)。

2. 依照順序說出每個人的姓名或希望別人如何稱呼自己。

3. 訓練員手拿海綿棒擊向一個學員的手掌，該成員在手掌被擊之前，應說出另一個學員的姓名，否則就與訓練員換位置(當「鬼」)，每次換人當「鬼」前說出的姓名不可重覆。

◎注意：

1. 選擇棉棒必須柔軟有彈性，以免擊傷隊員。

2. 觸擊部位在手掌處，必須禁止擊向頭部。

3. 本活動適用於相互非常熟悉的團隊。

◎變化：

1. 可以改成坐姿，將腿伸出，擊打腳掌。

2. 可讓當「鬼」者手指其中一名，令其說出左右成員的姓名或綽號。

3. 可讓當「鬼」者蒙住眼睛，走到一位成員面前問路，聽其回答

之聲音，說出其姓名或綽號。

## 培訓師上課常用到的小故事

### 己所不欲，勿施於人

這是一個真實故事，故事發生在非洲某個國家。那個國家白人政府實施「種族隔離」政策，不允許黑人進入白人專用的公共場所。白人也不喜歡與黑人來往，認為他們是低賤的種族，避之惟恐不及。

有一天，有個長髮的白人小姐在沙灘上日光浴，由於過度疲勞，她睡著了。當她醒來時，太陽已經下山了。此時，她覺得肚子餓，便走進沙灘附近的一家餐館。

她推門而入，選了張靠窗的椅子坐下。她坐了約15分鐘。沒有侍者前來招待她。她看著那些招待員都忙著侍候比她來的還遲的顧客，對她則不屑一顧。她頓時怒氣滿腔。想走向前去責問那些招待員。

當她站起身來，正想向前時，眼前有一面大鏡子。她看著鏡中的自己，眼淚不由奪眶而出。

原來，她已被太陽曬黑了。

此時，她才真正體會到黑人被白人歧視的滋味！

無論做任何事，我們都要設身處地地去為他人著想。正如孔子所言：「己所不欲，勿施於人。」身為一名盡責的推銷商，應要有商業道德，不要只為賺取更多的盈利，而硬將顧客不需要或品質差劣的產品推給他。試想，若你也遭受這種待遇，滋味又會是如何呢？

# 25  學員要彼此介紹

◎**遊戲目的：**使所有人相互瞭解，相互熟悉。

◎**遊戲時間：**20分鐘

◎**參與人數：**全體參與

◎**遊戲道具：**無

◎**遊戲場地：**不限

◎**遊戲步驟：**

1. 參加人員自選為兩人一組。

2. 每組10分鐘時間，讓兩人彼此聊天並記錄重點。

3. 請每組成員相互介紹另一組成員。

◎**注意：**

在此活動前可利用此類型活動轉換時間，進行相見聯歡活動，即將成員分為內外兩圈，彼此交換意見，相互加油打氣，每人次3分鐘，直到轉完一圈為止。

◎**變化：**

1. 可設計重點表格方便記錄與介紹。

2. 可增加圖書或音樂以解釋彼此。

---

### 培訓師上課常用到的小故事

## 化敵為友

有一個蘇菲的故事。它發生在偉大的歐瑪爾身上，歐瑪爾與一名敵手爭鬥了30年。對手非常強大，爭鬥一直持續著，那是一

生的戰鬥。

最後，有一天機會來了。敵手從自己的馬上摔下來，歐瑪爾帶著長矛跳在他身上。僅在一秒鐘之內長矛就可以刺穿敵手的心臟，那麼一切就結束了。但就在這一瞬間敵手做了一件事，敵人向歐瑪爾的臉上吐唾沫，長矛停住了。

歐瑪爾抹了抹臉，起身對敵手說：「明天我們再開始。」

敵手糊塗了，他問：「這是怎麼回事？我等這一刻等了 30 年，你等這一刻也等了 30 年。我一直在等待，希望有一天我能持著長矛騎在你胸前，事情就了結了。那種機會從未光顧我，卻給你遇上了。你可以在一瞬間就把我幹掉。你這是怎麼啦？」

歐瑪爾說：「這不是一場普通的戰鬥。我起了一個誓，一個蘇菲的誓言，我將不帶怒氣作戰。30 年以來，我從不帶怒氣作戰，但只有那一會兒憤怒來了，當你啐我的時候，只有一會兒我感到了憤怒，這成了私人性的了。

我想殺了你，30 年來至今，我們為了一項目標而戰。我對殺你這一點不感興趣，我只想達到這項目標。但就在剛才一瞬間，我忘記了這項目標：你是我的敵人，我想殺了你。那就是為什麼我不能殺你。所以，明天我們重新開始。」

但這場爭鬥永遠沒有重新開始，因為敵人成了一名朋友。他說：「教教我，做我的師父，讓我做你的學生。我也想不帶怒氣作戰。」

全部秘密就是作戰沒有自我，如果你能夠沒有自我地作戰，那麼你可以沒有自我地作任何事情。

# 26 奇數或偶數

◎**遊戲目的：**活躍課堂氣氛，培養學員應變能力，適應變化的能力。

◎**遊戲時間：**15 分鐘

◎**參與人數：**全體參與

◎**遊戲道具：**無

◎**遊戲場地：**不限

◎**遊戲步驟：**

1. 將全隊人分成紅白兩隊。

2. 所有人圍成一個圓圈，面向內側坐下。

3. 然後依圓中央的主持人的口令逐次報數。但是和普通報數不同，而以只報奇數或只報偶數的規則進行。

4. 如果主持人說「報奇數」，就是 1，3，5，7，主持人換成說「報偶數」，則接著剛才的數字報 8，10，12，14……

5. 如果說錯了，就被判出局，必須離開圓圈。

6. 玩到最後人越來越少，就可以結束遊戲。

7. 人剩下較多的那一組獲得優勝。

---

## 培訓師上課常用到的小故事

### 鑰　匙

一把堅實的大鎖掛在大門上，一根鐵杆費了九牛二虎之力，還是無法將它撬開。

---

鑰匙來了，他瘦小的身子鑽進鎖孔，只輕輕一轉，那大鎖就「啪」的一聲打開了。

鐵杆奇怪地問：「為什麼我費了那麼大力氣也打不開，而你卻輕而易舉就把它打開了呢？」

鑰匙說：「因為我最瞭解它的心。」

每個人的心，都像上了鎖的大門，任你再粗的鐵棒也撬不開。惟有關懷，才能把自己變成一隻細膩的鑰匙，進入別人的心中，瞭解別人。惟有穿鞋的人，才知道鞋的那一處擠腳。

# 27 大樹與松鼠的反應

◎遊戲目的：1. 活躍氣氛。

　　　　　　2. 提高學員反應能力。

◎遊戲時間：5～10 分鐘

◎參與人數：10 人以上

◎遊戲道具：無

◎遊戲場地：不限

◎遊戲步驟：

1. 事先分組，3 人一組。2 人扮「大樹」，面對對方，伸出雙手搭成一個圓圈；一人扮「松鼠」，並站在圓圈中間；培訓師或其他沒成對的學員擔任臨時人員。

2. 培訓師喊「松鼠」，「大樹」不動，扮演「松鼠」的人就必須離開原來的「大樹」，重新選擇其他的「大樹」；培訓師或臨時人員就臨

時扮演「松鼠」並插到「大樹」當中，落單的人應表演節目。

3. 培訓師喊「大樹」,「松鼠」不動,扮演「大樹」的人就必須離開原先的同伴重新組合成「一棵大樹」,並圈住「松鼠」,培訓師或臨時人員就應臨時扮演「大樹」,落單的人應表演節目。

4. 培訓師喊「地震」,扮演「大樹」和「松鼠」的人全部打散並重新組合,扮演「大樹」的人也可扮演「松鼠」,「松鼠」也可扮演「大樹」,培訓師或插入其他沒成對的人亦插入隊伍當中,落單的人表演節目。

◎遊戲討論：

1. 一個人讓別人瞭解自己的途徑大概有多少種呢？除了自己主動,或別人主動,還有……

2. 在工作之中角色的轉變也是經常的,如何才能做到收放自如？

## 培訓師上課常用到的小故事

### 雙 倍 學 費

有一個年青人,去向大哲學家蘇格拉底請教演講術。他為了表示自己有好口才,滔滔不絕地講了許多話。

末了蘇格拉底要他繳納雙倍的學費。

那年輕人驚詫地問道:「為什麼要我加倍呢？」

蘇格拉底說:「因為我得教你兩樣功課,一是怎樣閉嘴,另外才是怎樣演講。」

成功的演講家,應該是有張有合的。該講則講,不該講則不講：該點則點,點到即止,恰到好處。故對這種似懂非懂,對演講技巧一竅不通而又自作聰明的人來講,教起來只會更費勁。

# 28 開 火 車

◎ **遊戲目的**：使成員瞭解到在團隊協作中要牢記自己的角色，
提高滿足團隊需求的反應意識。

◎ **遊戲時間**：10 分鐘

◎ **參與人數**：集體參與

◎ **遊戲道具**：無

◎ **遊戲場地**：晚會

◎ **遊戲步驟**：

1. 培訓師讓學員在遊戲開始前，每人說一個地方的名稱(比如紐約、東京、上海)，代表自己。

2. 遊戲開始假設你來自紐約，而另一個人來自上海，你就要說：「開呀開呀開火車，紐約的火車就要開。」大家一起問：「往那開？」你說：「往上海開」。代表上海的那個人就要馬上反應接著說：「上海的火車就要開。」然後大家一起問：「往那開？」再由這個人選擇另外的遊戲對象，說：「往東京開。」

3. 輸方與大家分享注意力對團隊協作的重要性。

◎ **規則**：

反應時間超過 2～3 秒判為輸方。

◎ **變化**：

如果參加的人很多，可以把參加的人分成幾個大組，每一個小組代表一個地方，這樣更加有氣氛。可以作為晚會的遊戲，活躍氣氛，人人參與。

## 培訓師上課常用到的小故事

### 巧妙的批評

約翰・柯立芝於 1923 年登上美國總統寶座。

這位總統以少言寡語出名，常被人們稱作「沉默的卡爾」，但他也有出人意料的時候。

柯立芝有一位漂亮的女秘書，人雖長得不錯，但工作中卻常粗心出錯。一天早晨，柯立芝看見秘書走進辦公室，便對她說：「今天你穿的這身衣服真漂亮，正適合你這樣年輕漂亮的小姐。」

這幾句話山自柯立芝口中，簡直讓秘書受寵若驚。柯立芝接著說：「但也不要驕傲，我相信你的公文處理也能和你一樣漂亮的。」果然從那天起，女秘書在公文上很少出錯了。

一位朋友知道了這件事，就問柯立芝：「這個方法很妙，你是怎麼想出來的？」柯立芝得意洋洋地說：「這很簡單，你看見過理髮師給人刮鬍子嗎？他要先給人塗肥皂水，為什麼呀，就是為了刮起來使人不痛。

在指導下屬的工作中，讚揚比批評更有效。讚揚可以使人心甘情願的去改正錯誤和彌補不足！

# *29* 猜牙籤

◎遊戲目的：活躍氣氛。

◎遊戲時間：10 分鐘

◎參與人數：5～10 人

◎遊戲道具：比人數多 1 根的牙籤

◎遊戲場地：不限

◎遊戲步驟：

1. 以 7 個人為例，請準備 8 根牙籤。首先由一人擔任遊戲的莊家，莊家將隨意拿幾根牙籤放在手上，當然，不可以給其他人看到。

2. 然後莊家就讓其他的玩家猜一個數字。這個數字是 1～8 之間任意的一個數，如果玩家沒有猜中，就輪到下一個玩家猜莊家手中的牙籤。如果猜中了，就該猜中的玩家喝酒。如果所有玩家都沒有猜中的話，就由莊家喝酒。

3. 舉個例子，7 個人一起玩，假設莊家拿了 5 根牙籤在手中，然後莊家就依此問其他 6 個玩家，比如，第一個玩家猜有 8 根，因為沒有猜中，所以第一個玩家就不用喝酒。輪到下一個，這個人只能猜剩下的 1～8 之間的 7 個數字，分別是：1、2、3、4、5、6、7，假如這個人猜 6，沒有猜中，就輪到下一位，那麼這個人只能猜剩下的 6 個數字了，分別是：1、2、3、4、5、7，如果這個猜中，也就是說 5 的話，那這個人就該喝酒。如果沒有猜中，就輪到下一個人。一直這樣循環，直到玩家猜中為止，如果所有玩家都沒有猜中，就只有莊家喝酒。

4.如果有人輸了，就罰酒，並由喝酒的人重新擔任莊家，這樣遊戲就一直進行下去了，一直等到喝完全部的酒。而且是無一例外的人人都要喝，運氣不好就會喝很多……

## 培訓師上課常用到的小故事

### 跳蚤與爬蚤

科學家做過一個有趣的實驗：他們把跳蚤放在桌子上，一拍桌子，跳蚤迅即跳起，跳起的高度都在其身高的 100 倍以上，堪稱世界上跳得最高的動物。然後在跳蚤頭上罩一個玻璃罩，再讓它跳；這一次跳蚤碰到了玻璃罩。連續跳多次以後，跳蚤改變了起跳高度以適應環境，每次跳蚤總保持在罩頂以下的高度。接下來逐漸改變玻璃罩的高度，跳蚤都在碰壁後主動改變自己的高度。最後，玻璃罩接近桌面，這時跳蚤已無法再跳了。科學家於是把玻璃罩打開，再拍桌子，跳蚤仍然不會跳，變成了「爬蚤」了。跳蚤變成了爬蚤，並非它已喪失了跳躍的能力，而是由於一次次受挫學乖了，習慣了，麻木了。最可悲的是，實際上的玻璃罩已經不存在了，它卻連「再試一次」的勇氣都沒有。玻璃罩已經罩在潛意識裏，罩在心靈上。行動的慾望和潛能被自己扼殺了！

很多人的遭遇與此極為相似，在成長的過程中特別是在幼年時代，遭受外界太多的批評、打擊和挫折，於是奮發向上的熱情和慾望被「自我設限」壓制封殺，沒有得到及時的疏導和激勵，既對失敗惶恐不安，又對失敗習以為常，喪失了信心和勇氣，漸漸養成了懦弱、疑慮、狹隘、自卑、孤獨、害怕承擔責任、不思進取，不敢拼搏的性格。

# 30 椅子如何渡河

◎遊戲目的：活躍氣氛。

◎遊戲時間：30 分鐘

◎參與人數：全體參與

◎遊戲道具：椅子

◎遊戲場地：不限

◎遊戲步驟：

1. 全員分成 3 隊。

2. 地板上各畫出一條起點和終點線，中間當渡河。

3. 各隊派出兩人以傳遞椅子的方式前進，到達對岸後放下 1 位。

4. 另一位再回到起點，以同樣的方式把下 1 位隊員運過去。

5. 如果腳著地，全部隊員都要重新做起。

6. 最快渡河的 1 隊獲勝。

## 培訓師上課常用到的小故事

### 獨木橋的走法

弗洛姆是美國一位著名的心理學家。一天，幾個學生向他請教：心態對一個人會產生什麼樣的影響？

他微微一笑，什麼也不說，就把他們帶到一間黑暗的房子裏。在他的引導下，學生們很快就穿過了這間伸手不見五指的神秘房間。接著，弗洛姆打開房間裏的一盞燈，在這昏黃如燭的燈一光下，學生們才看清楚房間的佈置，不禁嚇出了一身冷汗。原來，

這間房子的地面就是一個很深很大的水池，池子裏蠕動著各種毒蛇，包括一條大蟒蛇和三條眼鏡蛇，有好幾隻毒蛇正高高地昂著頭，朝他們「滋滋」地吐著信子。就在這蛇池的上方，搭著一座很窄的木橋，他們剛才就是從這座木橋上走過來的。

弗洛姆看著他們，問：「現在，你們還願意再次走過這座橋嗎？」大家你看看我，我看看你，都不做聲。

過了片刻，終於有 3 個學生猶猶豫豫地站了出來。其中一個學生一上去，就異常小心地挪動著雙腳，速度比第一次慢了好多倍；另一個學生戰戰兢兢地踩在小木橋上，身子不由自主地顫抖著，才走到一半，就挺不住了；第三個學生乾脆彎下身來，慢慢地趴在小橋上爬了過去。

「啪」，弗洛姆又打開了房內另外幾盞燈，強烈的燈光一下子把整個房間照耀得如同白晝。學生們揉揉眼睛再仔細看，才發現在小木橋的下方裝著一道安全網，只是因為網線的顏色極暗淡，他們剛才都沒有看出來。弗洛姆大聲地問：「你們當中還有誰願意現在就通過這座小橋？」

學生們沒有做聲，「你們為什麼不願意呢？」弗洛姆問道。「這張安全網的品質可靠嗎？」學生心有餘悸地反問。

弗洛姆笑了：「我可以解答你們的疑問了，這座橋本來不難走，可是橋下的毒蛇對你們造成了心理威懾，於是，你們就失去了平靜的心態，亂了方寸，慌了手腳，表現出各種程度的膽怯——心態對行為當然是有影響的啊。」

其實人生又何嘗不是如此呢？在面對各種挑戰時，也許失敗的原因不是因為勢單力薄、不是因為智慧低下、也不是沒有把整個局勢分析透徹。反而是把困難看得太清楚、分析得太透徹、考

慮得太詳盡,才會被困難嚇倒,舉步維艱。倒是那些沒把困難完全看清楚的人,更能夠勇往直前。如果我們在通過人生的獨木橋時,能夠忘記背景,忽略險惡,專心走好自己腳下的路,我們也許能更快地到達目的地。

# 31 破冰遊戲

◎遊戲目的:活躍氣氛。

◎遊戲時間:15分鐘

◎參與人數:分組進行,組數不限,每組人數最好6人左右

◎遊戲道具:冰、密實袋、水瓶

◎遊戲場地:室內/戶外

◎遊戲步驟:

1. 分給每組一個裝著相同分量冰的密實袋,要他們在指定時間內用任何方法來融掉所擁有的冰。

2. 指定時間過後,便將融出來的水倒到水瓶裏,融出最多水的那組為勝。

## 培訓師上課常用到的小故事

### 多年的習慣

某步兵連的手榴彈丟擲高手,有一天第一次約會女朋友,第二天,當朋友打電話問步兵昨晚如何時,步兵沮喪地說:「我沒有希望了!」於是朋友問他:「你是不是忘了替她開車門?」

步兵說:「不,我替她開了車門,她很高興!」

朋友又問:「你是不是忘了幫她入座?」

步兵說:「不,我幫她入座,她說我是紳士!」

於是朋友又問:「你是不是在她說話的時候東張西望?」

步兵說:「不,我一直看著她,她說我很溫柔,並且說我的眼睛很有魅力!」

最後朋友問:「那你是不是在某事上讓她自己動手了?」

步兵沮喪地說:「如果真是這樣就好了。我們回家時,她說口渴,於是我就跑去替她買飲料。」朋友說:「那很好呀!」

步兵又說:「你知道,我是連上的手榴彈丟擲高手,出於多年的習慣,我一拉開飲料罐,就向她砸了過去,自己躲到了草裏……」

好的習慣使我們終生受益,但好的習慣一定要用在對的地方,否則,我們只是條件反射般地做事情,即使是好習慣,也會把事情搞砸。

心得欄

---

---

---

---

---

---

# *32* 隨音樂起舞

◎ **遊戲目的**：使團隊成員在大家面前放鬆自己，並且培養相互之間的信任。

◎ **遊戲時間**：根據人數而定

◎ **參與人數**：12 人一組，全體參與

◎ **遊戲道具**：《小草》歌曲

◎ **遊戲場地**：鋪地毯的室內

◎ **遊戲步驟**：

1. 每個小組圍成一個圈坐在地上，然後讓一個組員站在小組中間。

2. 助教負責用不透光的眼罩把站著的組員的眼睛蒙上。

3. 讓站著的組員，兩手拈花指，舉向空中。

4. 告訴站著的組員：當聽到《小草》這首歌的音樂響起時，請隨著音樂聲慢慢地舞動。

要求：

⑴必須跳柔舞，動作不能太多。

⑵千萬不能笑出聲，全場保持靜悄悄。

◎ **遊戲討論**：

在音樂剛響起的時候，一般的人都很拘束，但在一分鐘過後，會感受到跳舞的這個人越來越輕鬆，越來越陶醉，基本上 80%的人在一首《小草》歌過後，都會完全地放開。

講解：

1. 現在請場內所有的小組圍成一個圈，坐在地上(講師要注意分配各個小組的空間)。

2. 請你們每個小組出來一個人，站在小組中間(由於有的人不願意出來，所以講師要強調，每個人都要做的)。

3. 中間站著的學員請閉上眼睛(戴眼鏡的要摘下來，助教負責用不透光的眼罩把他的眼睛蒙上)。

4. 請你想像一下，你是廣袤大地上的一棵小草，你沒有花香，沒有樹高，你默默無聞，無人知曉，你就這樣自由自在、無拘無束地生活在陽光下，搖擺在春風中。

5. 當你聽到《小草》這首歌時，當你聽到音樂響起的時候，請你隨著音樂慢慢地舞動起來(當組員在舞完一首歌過後)。

## 培訓師上課常用到的小故事

### 子賤放權

孔子的學生子賤有一次奉命擔任某地方的官吏。當他到任以後，卻時常彈琴自娛，不管政事，可是他所管轄的地方卻治理得井井有條，民興業旺。這使那位卸任的官吏百思不得其解，因為他每天即使起早摸黑，從早忙到晚，也沒有把地方治好。於是他請教子賤：「為什麼你能治理得這麼好？」子賤回答說：「你只靠自己的力量去進行，所以十分辛苦；而我卻是借助別人的力量來完成任務。」

現代企業的領導人，喜歡把一切事攬在身上，事必躬親，管這管那，從來不放心把一件事交給手下人去做，這樣，使得他整天忙忙碌碌不說，還會被公司的大小事務弄得焦頭爛額。

一個聰明的領導人，應該是子賤二世，正確地利用部屬的力

量，發揮團隊協作精神，不僅能使團隊很快成熟起來，同時，也能減輕管理者的負擔。在公司的管理方面，要相信少就是多的道理：你抓得少些，反而收穫就多了。管理者，要管頭管腳(指人和資源)，但不能從頭管到腳。

# 33 踩輪胎

◎遊戲目的：1. 可用來調節上課氣氛，改變學員們的疲勞狀態。

2. 可以用來力口強團隊成員間的合作意識，例如喊口號。

◎遊戲時間：5 分鐘

◎參與人數：10 人一組

◎遊戲道具：一隻汽車備用輪胎

◎遊戲場地：空地

◎遊戲步驟：

1. 培訓師把一隻備用輪胎放在空地上。

2. 然後讓團隊的全體成員都站上去，至少能夠停留 5 秒。

3. 在學員做的過程中，培訓師要留意他們的安全問題。

◎遊戲討論：

1. 好的主意是怎樣產生的？你認為大家是否容易達成共識？

2. 有沒有衝突及爭議出現？對於這些爭議團隊是怎樣處理的？

◎遊戲總結：

1. 首先要確定一個好的方案，並選出一個指揮。

2.具體的做法是先選出一個人作為重心,其餘的人踩上去的時候要注意如何保持輪胎的平衡。

### 培訓師上課常用到的小故事

## 通 天 塔

《聖經•舊約》上說,人類的祖先最初講的是同一種語言。他們在底格裏斯河和幼發拉底河之間,發現了一塊異常肥沃的土地,於是就在那裏定居下來,修起城池,建造起了繁華的巴比倫城。

後來,他們的日子越過越好,人們為自己的業績感到驕傲,他們決定在巴比倫修一座通天的高塔,來傳頌自己的赫赫威名,並作為集合全天下弟兄的標記,以免分散。因為大家語言相通,同心協力,階梯式的通天塔修建得非常順利,很快就高聳入雲。

上帝耶和華得知此事,立即從天國下凡視察。上帝一看,又驚又怒,因為上帝是不允許凡人達到自己的高度的。他看到人們這樣統一強大,心想,人們講同樣的語言,就能建起這樣的巨塔,日後還有什麼辦不成的事情呢?於是,上帝決定讓人世間的語言發生混亂,使人們互相言語不通。

人們各自操起不同的語言,感情無法交流,思想很難統一,就難免出現互相猜疑,各執己見,爭吵鬥毆。這就是人類之間誤解的開始。修造工程因語言紛爭而停止,人類的力量消失了,通天塔終於半途而廢。

團隊沒有默契,不能發揮團隊績效,而團隊沒有交流溝通,也不可能達成共識。身為領導者,要能善用任何溝通的機會,甚至創造出更多的溝通途徑,與成員充分交流。惟有領導者從自身

做起，秉持對話的精神，有方法、有層次地激發員工發表意見與
討論，彙集經驗與知識，才能凝聚團隊共識。團隊有共識，才能
激發成員的力量，讓成員心甘情願傾力打造企業通天塔。

# 34 我的賓果遊戲

◎ **遊戲目的：** 在一種寬鬆的氣氛中巧妙地迫使新來的人去認識
新朋友。

◎ **遊戲時間：** 5～10 分鐘

◎ **參與人數：** 集體參與

◎ **遊戲道具：** 賓果牌(每人一張)

◎ **遊戲場地：** 不限

◎ **遊戲步驟：**

1. 要求人們拿著事先準備好的賓果牌或紙片(形式附後)在房間
裏走動，直到他們找到一個符合賓果牌或紙片上描述的人，然後請那
人在紙上的適當位置簽上自己的名字(有人可能符合多項描述，但只
許簽一處)。

2. 告訴與會人員他們有 5 分鐘時間來收集簽名。

◎ **遊戲討論：**

1. 如何才能更快地找到符合描述的人？

2. 你通常會採用什麼方式來獲得對方的認同及簽名？

◎ **遊戲總結：**

1. 有些描述是可以從外表判斷的，所以我們可以把這幾項首先挑

出來並用巡視的辦法加以確定。

2. 很多人也許一直都是採用同一種問話方式來開始同對方溝通，你是否想過要嘗試不同的方式呢？它他許會大大加快你的速度，而整個溝通過程也將有趣得多。

附：

### 賓 果 牌

| 找網球 | 穿紅衣服 | 踢足球 | 社團管理人員 | 有孫子(女)或外孫子(女) |
|---|---|---|---|---|
| 開跑車 | 討厭橄欖球 | 喜歡橄欖球 | 開飛機 | 說外語 |
| 彈鋼琴 | 養熱帶魚 | (免費) | 滑雪 | 會議主度 |
| 金頭髮 | 討厭蔬菜 | 有兩個孩子 | 喜歡露營 | 參加過全國性大會 |
| 首次參加會議 | 開輕型貨車 | 棕色眼睛 | 讀《新聞週刊》 | 去過外國 |

## 培訓師上課常用到的小故事

### V 型飛雁

大雁有一種合作的本能，它們飛行時都呈 V 型。這些雁飛行時定期變換領導者，因為為首的雁在前面開路，能幫助它兩邊的雁形成局部的真空。科學家發現，雁以這種形式飛行，要比單獨飛行多出 12% 的距離。

合作可以產生一加一大於二的倍增效果。據統計，諾貝爾獲獎項目中，因協作獲獎的佔三分之二以上。在諾貝爾獎設立的前25 年，合作獎佔 41%，而現在則躍居 80%。

分工合作正成為一種企業中工作方式的潮流被更多的管理者所提倡，如果我們能把複雜的事情變得簡單，把簡單的事情也變

得容易，我們做事的效率就會倍增合作，就是簡單化、專業化、標準化的一個關鍵，世界正逐步向簡單化、專業化、標準化發展，於是合作的方式就理所當然地成為了這個時代的產物。

　　一個由相互聯繫、相互制約的若干部份組成的整體，經過優化設計後，整體功能能夠大於部份之和，產生 $1+1>2$ 的效果。

# 35 找出你的幸運餅乾

◎**遊戲目的**：1. 作為一個活躍氣氛的遊戲，它為參與的學員建立一種有趣、和諧的氣氛，同時，還向學員介紹了學習的目的和內容。

2. 作為一個最後復習的遊戲。這個遊戲鞏固了學過的要點。

◎**遊戲時間**：10 分鐘

◎**參與人數**：5～10 人一組

◎**遊戲道具**：盒裝的幸運餅乾、題紙板、小禮品

◎**遊戲場地**：室內

◎**遊戲步驟**：

1. 請每一位學員從標有「值得欽佩的管理秘訣」字樣的盒子裏取出一塊幸運餅乾，並讀出上面的句子。

2. 讓每位學員想出某種辦法，把這個句子與某一個管理原則聯繫起來，而這個原則可能要在今天討論。

3. 請回答者首先介紹一下自己，接著大聲念出幸運餅乾上的句

子，並提出一個和它相聯繫的管理原則。

4.把一條原則寫在題紙板上。

5.當幾乎所有原則都被提出了，流覽一下提出的原則，在今天討論或考察的原則下面畫上下劃線。

6.給予那些最重要、最富創造性的提出者一個小禮品作為獎勵。

7.在培訓安排快要結束的時候，請每個學員從標有「值得欽佩的管理秘訣」字樣的盒子裏取出一塊幸運的餅乾。領著大家鄭重其事地打開幸運餅乾，大口地吃掉它們。

8.提出幾個需要舉手表決的有趣問題，選出 5～10 個志願者。

9.讓志願者大聲念出幸運餅乾的句子，整個小組集體討論，想一些辦法把這些句子與今天討論的原則聯繫起來。

◎遊戲討論：

在 7～10 條中，學員是否感受到這種遊戲方式起到鞏固學習的作用？

◎遊戲總結：

在發獎品時，由你來決定那些值得獎勵，要比大家表決快得多。我們建議，在活動過程中，當確實有很好的聯想被提出時，你就應該在心裏默默記下它們，以便你能很快地宣佈誰是獲勝者。

另外一個判斷誰是獲勝者的好辦法是密切注意大家對每個聯想的反應。這個方法能夠獲得對這個小組較深層次的理解。然而，有時你也可能不採用這個方法，而積極地支援一個並不令人激動，但卻很重要的原則，而這個原則恰恰是你想要學員記住的。

但從根本上說，那些被學員給予強烈反應的聯想，無論在什麼時候都需要被確認一下。很快記下這些句子的要點會很有幫助，這樣你可以在恰當的時候覆述它們的大意。

　　如果那個關於幸運的餅乾句子的聯想使大家發笑，一定要記住在培訓快結束的時候，重覆一下這些句子！這是一個能真正使大家感到很愉快的遊戲：即使學員可能在以前聽說過它們，但是一定會有什麼原因讓他們再一次大笑。這對於它們的創作者來說是非常令人高興的。

## 培訓師上課常用到的小故事

### 回聲的結局

　　在山谷裏，只要有一個聲音，就會產生一個同樣的回聲。有多少聲音，就會有多少同樣的回聲。

　　回聲是相當固執、相當自負的，它認為比產生它的聲音強。有一天，它竟然提出要跟聲音比賽誰最有能耐和口才。

　　聲音說：「比就要比創造性。」

　　回聲立刻跟著說：「比就要比創造性。」

　　聲音說：「但是你只會重覆。」

　　回聲也毫不相讓：「但是你只會重覆。」

　　聲音說：「你應該學會謙虛一點。」

　　回聲毫不猶豫地回敬一句：「你應該學會謙虛一點。」

　　總之，只要聲音說一句，回聲也照樣說一句，頑固地頂了回去。

　　這場比賽，單調地進行了很久，看來是得不到一個結果了。

　　後來，聲音有些激動了，就說：「我不跟你爭吵了。」

　　回聲也生氣地重覆著：「我不跟你爭吵了。」

　　聲音忍耐了一下，真的就不響了。

　　回聲還想接著頂一句什麼話。但是這一下糟了，它什麼也說

不出來了。

從今以後，假如聲音能堅持下去，永遠不再開口，回聲也就沒辦法再進行比賽，再繼續爭辯自己的優越性，而且，它只好從世界上消滅了。這就是回聲所應該得到的結局。

在團隊中，經常有這樣的現象，一些人總是認為自己屬害別人不行，總是跟別人過不去，抱怨別人如何不好，但是如果真讓他來做，他又真的什麼也做不好。實際上與人相處，需要的是我們的謙虛和包容，如果沒有別人協助，一個人很難做什麼！

# 36 簡單充電更有力

◎遊戲目的：

少量的運動可以幫助人們放鬆神經，緩解情緒和消除疲勞。這個遊戲適合於高強度的培訓或會議中，在課程或會議的中場階段，讓人們做一下這個遊戲，可以給他們一些自然的休息機會。

1. 緩解緊張、沉悶的氣氛。

2. 讓人暫時忘記緊張和焦慮。

◎遊戲時間：1～5 分鐘

◎參與人數：集體參與

◎遊戲道具：無

◎遊戲場地：不限

◎遊戲步驟：

1. 在培訓課一開始時，選出兩名志願者擔任「休息經理」，告訴學員們，這兩位經理有權決定學員們的休息時間。

2. 只要「休息經理」認為需要休息，或者發現講師的發言變得有點兒沉悶時，就可以站立起來提出需要休息。這時其他人也可以隨之站起，表明你們也和「休息經理」一樣，需要休息。這樣，學員們就可以有 30 秒鐘的時間舒展一下身體。

3. 在休息經理和學員休息的期間，講師要停止發言。這種停頓會使學員放棄顧慮，還能營造一些善意隨和的氣氛，這樣還可以有機會聽一聽學員的意見或建議。

4. 如果這個發言時間很長，在第二次或第三次起來休息時，講師可以鼓勵學員輕拍手掌，也可以按摩一下酸疼的身體，總之用盡方法使身體鬆弛下來。這會使他們更加清醒，更有活力。

5. 如果發言時間非常長，那麼在第三次或第四次休息的時候，要鼓勵學員「輕拍」或按摩另一個人的肩膀，這會更加有助於活躍氣氛。儘管有些性情拘謹的人不喜歡被人家按摩或給別人按摩，但是大多數人會很喜歡這樣做，還是可以達到遊戲的效果。

◎遊戲討論：

1. 你是否覺得推選一個「休息經理」，可以多休息幾次，對你的學習有一定幫助？

2. 每次休息時，你都會做什麼而使自己在這麼短的時間內放鬆？

3. 如果讓你為大家想一些休息活動，你會提供什麼呢？

◎遊戲總結：

1. 這是個可以爭取民心的遊戲。沒有一個人會認為枯燥的培訓比休息更吸引人，而且高強度的學習會降低學員的積極性，因此適當的

休息何樂而不為呢。另外，休息時激發學員的想像力，用各種條件允許的方法放鬆，還可以使這個活動顯得更有趣，更人性化。

2. 如果想進一步追求好的效果，培訓者也可以參與其中。畢竟，不僅學員會感到疲勞，一直發言的培訓者也會有累的感覺。如果培訓者可以下臺和學員一起活動，可以拉近彼此的距離，也能幫助他與學員打成一片。

## 培訓師上課常用到的小故事

### 把苦日子過甜

有一本名為《魚》的書描寫了一個部門經理將一個常年扯皮推諉、死氣沉沉的內勤部門轉變成一個全公司最高效的團隊過程，而這一切都源於這家公司附近舉世聞名的派克街魚市，它是美國西雅圖的旅遊勝地，它以輕鬆愉快的氣氛和極富感染力的客戶服務而聞名遐邇。

在派克街魚市，市場裏沒有刺鼻的魚腥味，迎面而來的是魚販們歡快的笑聲。他們面帶笑容，像合作無間的棒球隊員，讓冰凍的魚像棒球一樣，在空中飛來飛去。他們一邊拋著魚，還一邊相互唱著：「啊，五條鱈魚飛到明尼蘇達去了」「八隻螃蟹飛到堪薩斯去了。」當有遊客好奇地問當地魚販在這種工作環境下為什麼會保持愉快的心情時，他們說，事實上幾年前的這個魚市場本來也是一個沒有生氣的地方，大家整天抱怨。後來，大家認為與其每天抱怨沉重的工作，不如改變工作品質，於是，他們不再抱怨生活本身，而是把賣魚當成一種藝術，再後來，一個創意接著一個創意，一串歡笑接著一串歡笑，他們成為了魚市中的奇蹟。

有時候，他們還會邀請顧客參加接魚遊戲，即使怕魚腥味的

人，也很樂意在熱情的掌聲中一試再試。每個愁眉不展的人進入這個魚市場，都會笑顏逐開地離開，手中還會提滿了情不自禁買下的貨。

我們每個人都有自己心中的夢想及自己的理想職業，但是我們往往因為這樣或那樣的原因不能實現自己心中的理想及從事自己理想的職業。即便我們不能選擇自己喜歡的工作，但我們可以選擇自己的工作態度！我們可以抱著「枯燥、痛苦和氣憤」的態度投入一天工作；我們也可以選擇「精力充沛、生動和帶有創意」的態度去投入一天的工作。在同樣的外部條件下，不同的心情會導致不同的結果。當然創造輕鬆的工作氣氛不是一兩個人的事情，這需要大家共同努力。提倡輕鬆愉快的工作氣氛不等於對工作敷衍了事，而是應該認真負責，這就需要在選擇「精力充沛、生動和帶有創意」的態度去投入一天的工作，需加上「全力投入」、「為他人帶來愉快」相關因素。

# 37 詩意地宣讀

◎遊戲目的：

這個遊戲可以使課程充滿活力。讓參與者對簡練的、令人信服的交流方式的價值留下深刻的印象。向參與者提供一個在以任務為導向的團隊中工作的機會。

◎遊戲時間：20 分鐘

◎參與人數：集體參與

◎**遊戲道具：**所有團隊成員每人一份「諺語簡化練習」材料

◎**遊戲場地：**不限

◎**遊戲應用：** 1. 知識拓展。　　2. 活躍氣氛。

◎**遊戲步驟：**

1. 把下面的練習分發給大家。

諺語簡化練習

說明：在每個句子下面，寫出意思一樣，但更常用、語言更簡單的諺語。

⑴那些不學無術的人，他的錢財會很快消失。

⑵當虎科動物不在的時候，某些靈長類動物就會胡作非為。

⑶當廟裏的和尚過多的時候，反而會沒有人挑水了。

⑷過於急切想完成一件事情反而容易造成各種意想不到的破壞。

⑸只要還在寺廟裏工作一天，就不得不去敲鐘。

⑹手中的一個有翼有毛的動物勝過兩個灌木叢中的這樣動物。

⑺一種動作迅捷的熱血動物能夠抓到小小的、細長的、蠕動的動物。

⑻給我自由的權利，否則我會覺得不值得活下去。

⑼很晚才做一件事情會比永遠不做這件事情要好一些。

2. 提醒學員注意，一個諺語的定義應當是「簡短、精練的說法，被廣泛而經常的使用，表達一個眾所週知的事實和真相。」

3. 讓他們把隱藏在句子中的諺語找出來（可以獨立完成，也可以分組完成），給大家足夠的時間去完成這些問題。其間任意叫幾個成員朗讀一下他們找出來的諺語（這可以帶來輕鬆的氣氛）。

4. 然後讓團隊進行總結討論。在這一階段，公佈下列答案，並提出一些問題進行討論：

⑴傻瓜的錢存不住。

⑵山中無老虎，猴子稱霸王。

⑶三個和尚沒水喝。

⑷欲速則不達。

⑸做一天和尚，撞一天鐘。

⑹手中一鳥，勝過林中二鳥。

⑺早起的鳥兒有蟲吃。

⑻不自由，毋寧死。

⑼亡羊補牢，為時未晚。

◎遊戲討論：

1. 我們團隊中誰說的或寫的像這些？為什麼？

2. 那些令人迷惑的說法對有效的交流能產生什麼樣的影響？

◎遊戲總結：

如果你在幾分鐘後看到團隊成員還寫不出來，明智的做法就是告訴他們一個例子。這能夠解釋他們將要完成什麼？

## 培訓師上課常用到的小故事

### 竹子的生存哲學

樹木大都是實心的，但竹子卻是空心的。空心的竹子因為很容易就被折斷，所以它們都是一大叢糾纏在一起成長的，這樣一來，它們就不怕狂風暴雨的摧殘。反觀，其他樹木需要有一定空間的隔離才能生存，由於沒有抵抗風雨的本錢，因此，一旦狂風來襲，許多樹木就從中折斷，甚至連根拔起。又因為竹子是整叢生長在一塊，每根竹子為了找到安身立命之地，它便必須在最快的時間內竄出，即使只有立錐之地。這也就是它們空心的原因了，

因它們惟恐落人於後。

　　竹子的團結有競爭，就像職業場上的狀況。想像一下，自己是否有合群的態度？自己的競爭優勢又在那裏？

# *38* 如何激起熱情

◎遊戲目的：

　　激起學員的熱情，讓學員學會珍惜身邊的人，感受人生的挫折和坎坷。

　　人海茫茫練習是一個破除團隊成員之間堅冰，促進團隊成員之間關係的遊戲。

　　這遊戲看似簡單，但在進行過程中，必定有一些成員放不開或無法用心去做，就要求培訓人員充分激起成員的參與熱情。

◎**遊戲時間**：45 分鐘

◎**參與人數**：全體參與

◎**遊戲道具**：每人一個眼罩，現場放音樂

◎**遊戲場地**：燈光可調、設有專業音響、鋪地毯的室內

◎**遊戲步驟**：

　　1. 培訓人員請每個學員在場內找到一個他認為最親近或者最喜歡的人，兩個人手拉手面對面站好。

　　2. 學員都選擇好後請他們閉上眼睛(請助教拿眼罩蒙上學員的眼睛)，當音樂響起的時候，請他們鬆開對方的手，在場內慢慢地走動起來，(放歌曲)。

3. 此時，培訓人員說：「好！停！下面，當音樂響起，大家再次走動起來的時候，你可以伸出一隻手去和別人握手，也可以選擇不握，就像生活中你可以作出許多的選擇一樣」……(繼續播放歌曲)。

4. 第一輪結束後，暫停音樂，學員重新在場內走動起來，再次和他人握手(播放歌曲)。

5. 第二輪結束後，暫停音樂，讓學員再次在場內走動起來，請學員將雙手伸到胸前，用雙手去和他遇見的每一個人熱情地握手(播放歌曲)。

6. 最後一輪結束後，暫停音樂，讓學員再次走動起來，趕快去尋找你失散在人群中的開始選擇那個人(播放歌曲)。

7. 整個過程不許說話，不可以互相提示。

8. 每一輪牽手後都鼓勵學員給遇到的人一個大大的、溫暖的擁抱。

9. 每一次的相逢都是緣分，所以要感恩生活，珍惜眼前。

◎遊戲討論：

1. 遊戲一開始，是不是會有人放不開，抗拒和陌生人握手？

2. 遊戲結束，大家是否意識到和其他人的關係又進了一步？

心得欄

# *39* 精神旅途

◎遊戲目的：

這個遊戲啟發學員們充分發揮想像力，能夠幫助他們放鬆神經，在緊張的工作後得到很好的休息，同時還可用於日常生活和工作中，例如事情的預演、目標設定和解決問題等。通過這個遊戲可以增強團隊的協同力，對解決問題很有幫助。

◎**遊戲時間**：5～10 分鐘

◎**參與人數**：集體參與

◎**遊戲道具**：音像器材、輕鬆柔美的音樂

◎**遊戲場地**：教室或大禮堂

◎**遊戲應用**：1. 形象思維的訓練。 2. 放鬆心情。

◎**遊戲步驟**：

1. 讓全體學員儘量放鬆，以最放鬆的姿勢坐好，如果願意斜躺在沙發上也行，閉上眼睛。

2. 將室內的燈光調暗，並播放輕鬆、柔和的音樂。

3. 慢慢朗讀事前準備好的文段，朗讀完讓學員恢復到平時的狀態。以下是兩段例文：

石榴

想像你手中正拿著一個石榴

這個石榴摸上去是什麼感覺

它是什麼樣的

在腦海中構造這幅圖畫，構築得越清晰越好

現在想像你正在剝下石榴的皮

剝下一部份石榴果

拿起其中事顆吃下去

過一會兒，近距離仔細地觀察一顆石榴果問問自己

如果能斜它放大 1000 倍，100 萬倍

它會是什麼樣子

石榴肉細胞是怎樣的

它的分子又是怎樣的

接下來的幾分鐘

儘量把注意力集中在關於石榴你所不瞭解的地方

想想石榴是何以成為這樣結構的

為什麼它會是這個樣子的

可能會有種不同類型的石榴

隨著時間的變化，石榴會進化成什麼樣子

在想像這個石榴的時候

密切關注自己的思維特質

時鐘

想像你的面前有一個時鐘或一隻手錶，上面有一根正在走動的秒

針

放鬆一會兒

集中你的精神

準備好了，集中注意力看著秒針移動

集中精神注視秒針的移動，保持兩分鐘

設想世界上別的東西都不存在

如果你走神了

想到了別的東西，或被阻隔開了

停止

集中精神重新開始

努力保持絕對的注意力兩分鐘

你也可以自己進行創作，比如描述躺在海灘上的感覺

◎遊戲討論：

以「石榴」的練習為例：

1. 你覺得當時自己像在吃石榴那樣的咀嚼，在吞咽嗎？

2. 你想像出的畫面有多逼真，多細緻？

3. 你腦海中出現了沒有預期到或不同尋常的畫面或想法嗎？

4. 你覺得自己還有其他感覺嗎？

◎遊戲總結：

張開想像的翅膀，任由思緒翱翔。通過這個遊戲，你是否已經感受到這些奇妙的感覺了？這個遊戲既可以幫助人們放鬆精神，還可以啟發人們思考一些平時忽略或乾脆沒想過的問題和觀點，這對開發智力提高智商很有幫助。

## 培訓師上課常用到的小故事

### 一隻大雁的哀鳴

在加拿大溫哥華的海濱公園，生活著這樣一群大雁，它們放棄了一年一度的遷徙，從候鳥變成了留鳥。起先只有兩三隻大雁，到後來增加到數百隻，越來越多。它們再也不願往南飛了，因為它們發現，人們來到海濱遊玩的時候，總是喜歡攜帶一些餅乾、薯片、雜食來餵養它們。即使在嚴酷的冬天，它們也可以一邊躲在建築物裏避寒，一邊等待著人類的餵養。它們似乎再也不用擔

心過冬的食物了。這些聰明的鳥兒,也早已學會了如何討好人類,圍繞在人的週圍,呀呀地叫著諂媚乞食。

傑克可能是最後一隻南飛的大雁,它對兒子羅納說:「我們不能忘了南方的故鄉,那裏是我們心靈的家園。」

「可是,南方實在是太遙遠了!」兒子有些晙難。

傑克嚴肅地告訴兒子:「南方雖然遙遠,卻能夠鍛鍊我們飛翔的能力。」傑克是一隻理想主義的大雁,任何困難都阻擋不了它的決心。

傑克不得不正視一個現實的問題:大雁南飛是一個團隊合作的過程,它必須找到一群志同道合的夥伴。在傑克的生涯中,它曾經有過這樣的經歷:當秋天來臨,整個雁群就會積極做好南飛的準備。它們總是喜歡排成「人」字飛行,在這種團隊結構中,每一隻鳥扇動的翅膀都會為緊隨其後的同伴鼓舞起一股向上的力量。這樣,雁群中的每個成員都會比一隻單飛的大雁增加超過70%的飛行效率,從而能夠支持它們順利地到達目的地,完成長途的遷徙。人們讚歎大雁,為它們的團隊精神而感動不已,傑克也為自己是這支光榮團隊的一分子而倍感自豪。

然而,傑克經過多方努力,再也找不到一個願意和它一起重返藍天的同伴。因為貪圖溫哥華海濱公園不勞而獲的享受,那些大雁拒絕了傑克的建議。更何況,許多大雁都得了富貴病,大腹便便,體態臃腫,很難適應長途飛行。為了一點短期的利益,大雁們忘記了它們的目標,光榮的團隊早已變成了歷史,變成了令人百感交集的回憶。失望的傑克只好獨自帶著兒子上路了,開始了命中註定的一次悲情之旅。

一個星期之後,英雄的傑克便永遠消失在藍天白雲之間了,

一顆罪惡的子彈擊中了它筋疲力盡的翅膀。不斷滴落的鮮血染紅了天空的記憶,直到傑克發出最後一聲哀鳴。

團隊是個人幸福的源泉,一個人離開了團隊,無疑成了無源之水,無本之木。一個團隊如果喪失了奮鬥進取的精神,面臨的必然是退化和衰亡。

# *40* 預測你的未來

## ◎遊戲目的:

這是一項很吸引人的活動,可以使學員之間相互熟悉。它同時也是關於第一印象的一次非常有趣的經歷。

## ◎遊戲步驟:

1. 把學員分組,每組 3~4 人(相對陌生的學員分在一組)。

2. 告訴學員,他們的任務就是根據培訓師提出的問題,預測本組各個成員的具體情況。以下是一些可以通用的問題:

⑴你是在那裏長大的?

⑵你童年時候是什麼樣子?上學的時候是什麼樣子?

⑶你的父母對你嚴厲還是寬容?

⑷你喜歡什麼類型的音樂?

⑸你最喜歡那些休閒活動?

⑹你通常每天夜裏睡幾個小時?

提示:根據各個小組的情況,可以添加其他問題或替換某些問題。

3. 各組先選定一個成員,作為第一個「預測主體」。要求其他學

員盡可能具體地預測被選定成員的情況。告訴學員,不用擔心過於粗魯的猜測!在小組成員進行猜測的同時,被選定的成員不得暗示猜測的結果是否準確。各個組員的預測結束後,被選定的成員來揭曉各個問題的答案。

## ◎替換策略:

1. 設計問題,讓學員對其他人的觀點和信條(而不是具體的細節)進行預測。

2. 省去預測活動。相反,讓學員一個一個地快速回答問題。然後,讓小組成員說明那個人的那個事實讓自己感到「驚訝」(以第一印象為依據)。

## ◎遊戲討論:

在關於「領導能力發展」的課程中,培訓師在全班範圍內進行了預測遊戲。全體學員被分為多個小組,每組 4 人,然後各學員對以下問題進行預測:

1. 你擔任經理多長時間了?

2. 你認為誰是一個出色的領導者?

3. 正直和受人喜愛,那一項對你更重要?

---

### 培訓師上課常用到的小故事

## 三隻老鼠

三隻老鼠一同去偷油喝。找到了一個油瓶,三隻老鼠商量,一隻踩著一隻的肩膀,輪流上去喝油。於是三隻老鼠開始疊羅漢,當最後一隻老鼠剛剛爬到另外兩隻的肩膀上,不知什麼原因,油瓶倒了,驚動了人,三隻老鼠逃跑了。回到老鼠窩,大家開會討論為什麼會失敗。

---

　　最上面的老鼠說，我沒有喝到油，而且推倒了油瓶，是因為下面第二隻老鼠抖動了一下，所以我推倒了油瓶，第二隻老鼠說，我抖了一下，但我感覺到第三只老鼠也抽搐了一下，我才抖動了一下。第三只老鼠說：「對，對，我因為好像聽見門外有貓的叫聲，所以抖了一下。」「哦，原來如此呀！」

　　企業裏很多人也具有老鼠的心態。請聽一次企業的季會議：行銷部門的經理況：「最近銷售做得不好，我們有一定責任，但是最主要的責任不在我們，競爭對手紛紛推出新產品，比我們的產品好，所以我們很不好做，研發部門要認真總結。」研發部門經理說：「我們最近推出的新產品是少，但是我們也有困難呀，我們的預算很少，就是少得可憐的預算，也被財務削減了！」則務經理說：「是，我是削減了你的預算，但是你要知道，公司的成本在上升，我們當然沒有多少錢。」這時，採購經理跳起來：「我們的採購成本是上升了 10%，為什麼，你們知道嗎？俄羅斯的一個生產鉻的礦山爆炸了，導致不銹鋼價格上升。」「哦，原來如此呀，這樣說，我們大家都沒有多少責任了，哈哈哈哈！」人力資源經理說：「這樣說來，我只好去考核俄羅斯的礦山了！！」

　　企業中出現了問題，關鍵的不是追究誰的責任的問題，而是研究怎樣才能解決問題。

# *41* 算我一個

◎遊戲目的：

這項活動從開始就引入了肢體運動，通過讓學員快速地按性格分組而幫助他們相互熟悉。這項活動進行得很快，而且非常有趣。

◎遊戲步驟：

1. 為活動設計一個適當的分類表，可以按照以下方式分類：

⑴出生月份。

⑵對於一個話題(如詩歌、角色表演、科學或網頁流覽)消極或積極的反應。

⑶夜裏的睡眠時間。

⑷最喜歡的東西(如書籍、歌曲或速食店)。

⑸左撇子或右撇子。

⑹鞋的顏色。

⑺贊成或反對關於某個問題的觀點(例如，「應該普及健康保險」)。

2. 在教室內留出一部份空間，以便於學員自由走動。

3. 宣佈一個類別。指導學員儘快尋找所有屬於這一類別的人。例如，把「左撇子」和「右撇子」分成兩個小組。或者把同意和不同意某種陳述的學員分成兩個小組。如果這一類別包含兩個以上的選擇(例如，學員出生的月份)，讓學員自願組合，這樣就分成了幾個小組。

4. 當學員們組成適當的「算我一個」的小組後，讓他們相互握手。讓學員們觀察一下每個小組大概有多少人。

5. 馬上宣佈下一個類別。宣佈新的分類方式的同時，讓學員們快速地從一組換到另一組，從而按照新的分類形成新的小組。

6. 重新集合全體學員。討論學員們通過這次活動表現出來的多樣性。

## ◎替換策略：

1. 讓學員找出與自己特點不同的學員。例如，可以讓學員找出與自己眼睛顏色不同的學員。(如果各組人數不等，允許一組中一個以上的學員與另外一組的某個學員組成新的小組。)

2. 讓學員們提供分類的方式。或者直接指定一個人起來講一點關於自己的真實情況(例如，「我是一個 INTP(對於自己感興趣的任何事物都尋求找到合理解釋的人)型的人」(邁爾斯-布裏格斯人格類型指標(Myers-Briggs Type Indicator)的 16 種性格類型之一)。如果其他某位學員也是一個 INTP，那麼他就要起立，說「算我一個」。

## ◎遊戲討論：

在銷售培訓課上，培訓師設計了一項讓學員相互熟悉的活動，利用了下列分類方式：

1. 喜歡或不喜歡給潛在客戶打推銷電話。

2. 認為「硬性推銷」或「軟式推銷」更有效。

3. 沒有銷售經驗、1～5 年銷售經驗或超過 5 年的銷售經驗。

4. 比起_____商業，更喜歡_____商業(提供兩個選擇) 。

5. 幾乎都是銷售給男士、幾乎都是銷售給女士或二者相當。

┌─────────────────────────┐
│ **培訓師上課常用到的小故事** │
└─────────────────────────┘

## 猴子與崗位

美國加利福尼亞大學的學者做了這樣一個實驗：把 6 只猴子分別關在 3 間空房子裏，每間兩隻，房子裏分別放著一定數量的食物，但放的位置高度不一樣。第一間房子的食物就放在地上，第二間房子的食物分別從易到難懸掛在不同高度的適當位置上，第三間房子的食物懸掛在房頂。數日後，他們發現第一間房子的猴子一死一傷，傷的缺了耳朵斷了腿，奄奄一息。第三間房子的猴子也死了。只有第二間房子的猴子活得好好的。

究其原因，第一間房子的兩隻猴子一進房間就看到了地上的食物，於是，為了爭奪唾於可得的食物而大動干戈，結果傷的傷，死的死。第三間房子的猴子雖做了努力，但因食物太高，難度過大，夠不著，被活活餓死了。只有第二間房子的兩隻猴子先是各自憑著自己的本能蹦跳取食，最後，隨著懸掛食物高度的增加，難度增大，兩隻猴子只有協作才能取得食物，於是，一隻猴子托起另一隻猴子跳起取食。這樣，每天都能取得夠吃的食物，很好地活了下來。

做的雖是猴子取食的實驗，但在一定程度上也說明了人才與崗位的關係。崗位難度過低，人人能幹，體現不出能力與水準，選拔不出人才，反倒成了內耗式的位子爭鬥甚至殘殺，其結果無異於第一間房子裏的兩隻猴子。崗位的難度太大，雖努力而不能及，甚至埋沒、抹殺了人才，有如第三間房子裏的兩隻猴子的命運。崗位的難度要適當，循序漸進，如同第二間房子的食物。這樣，才能真正體現出能力與水準，發揮人的能動性和智慧。同時，

相互間的依存關係使人才相互協作，共渡難關。

# *42* 魔法師

◎**遊戲目的**：1. 通過初步的肢體接觸，打破人際關係的距離。

2. 讓學員可以在短時間內增進熟悉度，融入課程。

◎**遊戲時間**：10 分鐘

◎**參與人數**：16～50 人以內，人數不宜過少

◎**遊戲道具**：2～5 顆軟性安全球(或毛線球，以一手可掌握為佳)

◎**遊戲場地**：室內或室外平坦的場地均可

◎**遊戲步驟**：

1. 開始可由訓練員或由一位學員自願，擔任「魔法師」，並發給一顆球「施法」。

2.「魔法師」「施法」時，所有其他學員開始行進躲避，活動中只要被「魔法師」拿著的球碰觸到就會變成石頭。

3. 要避免被「魔法師」攻擊，就必須找到一位夥伴，手勾著手在原地合唱一首歌，就可以形成「保護罩」，但歌曲如果重覆就無效，一樣會變成石頭。

4. 行進期間除躲避攻擊外，不可和其他人手勾手。

5. 過程當中，不可以跑步，只可以快步走，避免學員產生碰撞、跌倒。

6. 活動進行幾分鐘後，「魔法師」可改變方式，把被碰觸的學員

變成「魔法師」，並給予一顆球執行任務。

## ◎遊戲討論：

短暫的暖身活動，通常不做分享，時間也不宜過長，只要讓學員情緒高漲起來，並投入活動中即可。

### 培訓師上課常用到的小故事

## 用人之道

去過寺廟的人都知道，一進廟門，首先是彌勒佛，笑臉迎客，而在他的北面，則是黑口黑臉的韋陀。但相傳在很久以前，他們並不在同一個廟裏，而是分別掌管不同的廟。彌勒佛熱情快樂，所以來的人非常多，但他什麼都不在乎，丟三拉四，沒有好好地管理賬務，所以依然入不敷出。而韋陀雖然管賬是一把好手，但成天陰著臉，太過嚴肅，弄得人越來越少，最後香火斷絕。

佛祖在查香火的時候發現了這個問題，就將他們倆放在同一個廟裏，由彌勒佛負責公關，笑迎八方客，於是香火大旺。而韋陀鐵面無私，錙銖必較，則讓他負責財務，嚴格把關。在兩人的分工合作中，廟裏一派欣欣向榮景象。

其實在用人大師的眼裏，沒有廢人，正如武功高手，不需名貴寶劍，摘花飛葉即可傷人，關鍵看如何運用。

# *43* 認識你

◎**遊戲目的**：使與會人員互相認識，創造一種輕鬆友好的氣氛。

◎**遊戲時間**：10 分鐘

◎**參與人數**：隨意組合、結伴、互相認識

◎**遊戲道具**：空白的可粘貼式姓名標籤

◎**遊戲場地**：不限

◎**遊戲步驟**：

1. 給每人發一個空白姓名標籤，請他們把自己的名字或綽號寫在上面。

2. 然後請他們簡短地列舉出兩個與自己情況有關的、可以當話題用的單詞或短語，比如來自那個省市、愛好、子女情況等。

例如：伊莉莎白(貝思)

居住在亞利桑那州。

喜歡慢跑。

3. 給與會人員足夠的時間(約 1 分鐘)來填寫各自的姓名標籤，並將其掛在胸前，然後請他們隨意組合成兩人或三人的小組。

4. 每過幾分鐘，就請他們「交換夥伴」，以此來鼓勵每個人都去結識盡可能多的新夥伴。

## 培訓師上課常用到的小故事

## 兩熊賽蜜

黑熊和棕熊喜食蜂蜜，都以養蜂為生。它們各有一個蜂箱，養著同樣多的蜜蜂。有一天，它們決定比賽看誰的蜜蜂產的蜜多。

黑熊想，蜜的產量取決於蜜蜂每天對花的「訪問量」。於是它買來了一套昂貴的測量蜜蜂訪問量的績效管理系統。在它看來，蜜蜂所接觸的花的數量就是其工作量。每過完一個季，黑熊就公佈每只蜜蜂的工作量；同時，黑熊還設立了獎項，獎勵訪問量最高的蜜蜂。但它從不告訴蜜蜂們它是在與棕熊比賽，它只是讓它的蜜蜂比賽訪問量。

棕熊與黑熊想的不一樣。它認為蜜蜂能產多少蜜，關鍵在於它們每天採回多少花蜜，花蜜越多，釀的蜂蜜也越多。於是它直截了當告訴眾蜜蜂：它在和黑熊比賽，看誰產的蜜多。它花了不多的錢買了一套績效管理系統，測量每只蜜蜂每天採同花蜜的數量和整個蜂箱每天釀出蜂蜜的數量。並把測量結果張榜公佈。它也設立了一套獎勵制度，重獎當月採花蜜最多的蜜蜂。如果一個月的蜜蜂總產量高於上個月，那麼所有蜂蜜都受到不同程度的獎勵。

一年過去了，兩隻熊查看比賽結果，黑熊的蜂蜜不及棕熊的一半。

黑熊的評估體系很精確，但它評估的績效與最終的績效並不直接相關。黑熊的蜜蜂為盡可能提高訪問量，都不採太多的花蜜，因為採的花蜜越多，飛起來就越慢，每天的訪問量就越少。另外，黑熊本來是為了讓蜜蜂搜集更多的信息才讓它們競爭，由於獎勵

範圍太小，為搜集更多信息的競爭變成了相互封鎖信息。蜜蜂之間競爭的壓力太大，一隻蜜蜂即使獲得了很有價值的信息，比如某個地方有一片巨大的槐樹林，它也不願將此信息與其他蜜蜂分享。

　　而棕熊的蜜蜂則不一樣，因為它不限於獎勵一隻蜜蜂，為了採集到更多的花蜜，蜜蜂相互合作，嗅覺靈敏、飛得快的蜜蜂負責打探那兒的花最多最好，然後回來告訴力氣大的蜜蜂一齊到那兒去採集花蜜。剩下的蜜蜂負責貯存採集回的花蜜，將其釀成蜂蜜。雖然採集花蜜多的能得到最多的獎勵，但其他蜜蜂也能撈到部份好處，因此蜜蜂之間遠沒有到人人自危相互拆臺的地步。

　　激勵是手段，激勵員工之間競爭固然必要，但相比之下，激發起所有員工的團隊精神尤顯突出。績效評估是專注於活動，還是專注於最終成果，管理者須細細思量。由於樂隊指揮者的指揮才能不同，樂隊也會做出不同的反響：或者演奏得雜亂無章，或者表現出激情與才華，

# 44　互相認識

◎遊戲目的：通過精心設計的練習幫助與會人員互相認識一下。

◎遊戲時間：3 分鐘

◎參與人數：自我介紹，互相認識

◎遊戲道具：空白的姓名標籤

◎**遊戲場地**：會場內

◎**遊戲步驟**：

1. 在整個團體第一次集會時，給每人發一個空白的姓名標籤。請每個人都填寫下面各項內容：

　⑴我的名字是……；

　⑵我有一個關於……的問題；

　⑶我可以回答一個關於……的問題。

2. 給與會人員幾分鐘時間來對這些陳述作出思考，然後鼓勵整個團體的人員聚在一起，使每個人與盡可能多的人打交道。

---

### 培訓師上課常用到的小故事

## 讓適合的人去做事情才能成功

陶朱公的次子在楚國犯了死罪。因為楚王信任的大臣莊生與陶朱公很有交情，於是陶朱公的太太要丈夫寫信給他，把兒子救出來。

陶朱公打算叫第三個兒子帶黃金千斤，連同信件去見莊生，相信不會有問題。可是長子不肯，因為宗法社會的長子，有特別的地位，有責任與權力，所以爭著要去。但陶朱公不答應，他說如果長子去送這封信，一定是把老二的屍體運回來，不是把人救回來。可是長子硬吵著要去，太太不懂事，幫長子說話。陶朱公被吵得沒辦法，於是就讓長子去了。不過同時吩咐太太準備好次子的喪葬事宜。

長子到了楚國見到了莊生，交上了書信和黃金。莊生因為是陶朱公的事情，不能不辦。適逢這年楚國有災，古代相信天象，每逢天災。國家要做好事以求化解。於是莊生去見楚王，建議大

赦，楚王接受了他這項建議。但這個消息洩漏出來了，被陶朱公的長子聽到，他就後悔老二的事用不著托莊生，大赦一定會放出來的，千斤黃金白送了，心裏捨不得。殊不知這次大赦，正是莊生為了救他的弟弟想出來的辦法。所以又去看莊生，提起大赦的事。莊生當然很聰明，立即知道了他的心理，就寫了一封回信，將千斤黃金退回。對他說你弟弟的事剛好遇到大赦，用不著我幫忙，我可以不管了。

然後莊生連夜進宮再見楚王，請求慢一點發佈大赦令。他報告楚王，在大赦令的範圍中，有一個死犯是陶朱公的兒子，如果不把他先正法，別人還誤會我莊生貪污，誤會你楚王不公平。於是楚王下令把陶朱公的次子殺了，翌日頒大赦令。陶朱公的長子只有把弟弟的屍首運回，家裏卻已佈置好了靈堂。

陶朱公的家人問，為什麼事先會知道這樣的結果？陶朱公說，我們白手成家，大兒子跟著吃苦出身，對錢看得太重，豈肯輕易花用。而這位老友最清貧，絕對不會受賄賂，我送給他錢是私人感情，他才肯受用。而我們的三子，出生時家裏就很有錢，他花錢花慣了，送了千斤黃金，絕不會心痛，也絕不會再去問的。我所以斷定，老大去了一定是把兄弟的屍首運回來。

在企業用人時也是這樣，企業領導首先要對自己的人完全瞭解，然後根據他們的特點安排做相應的事。

# *45* 生肖大組合

◎**遊戲目的：** 1. 令學員熟悉使用肢體語言進行溝通。

2. 活躍課堂氣氛。

◎**遊戲時間：** 10 分鐘

◎**參與人數：** 集體參與

◎**遊戲道具：** 無

◎**遊戲場地：** 會場內

◎**遊戲步驟：**

1. 培訓師給學員指令：全體人員以自己所屬的生肖來進行同類組合。

2. 當學員以生肖同類組合後，培訓師可以讓學員根據所指示的相關動物進行小組合併(例如「龍馬精神」即「龍組」與「馬組」進行小組合併)。

◎**注意：**

在整個過程中，學員不可以講話；當發出聲音時，不可以有任何帶有人類智慧的語言表達形式。

◎**遊戲討論：**

如何令自己的身體語言更好地傳達給相應的人？

◎**遊戲總結：**

1. 此遊戲可以很快地破除學員之間的陌生感。

2. 肢體語言可以傳達出非常豐富的意思，對方也似乎因此而更加善解人意了。

3. 通過這個遊戲，好好體會一下「心有靈犀一點通」的感覺吧。

## 培訓師上課常用到的小故事

### 捕鼠之貓

　　一個越國人為了捕鼠，特地弄回一隻擅於捕老鼠的貓，這只貓擅於捕鼠，也喜歡吃雞，結果越國人家中的老鼠被捕光了，但雞也所剩無幾，他的兒子想把吃雞的貓弄走，作父親的卻說：「禍害我們家中的是老鼠不是雞，老鼠偷我們的食物咬壞我們的衣物，挖穿我們的牆壁損害我們的傢俱，不除掉它們我們必將挨餓受凍，所以必須除掉它們！沒有雞大不了不要吃罷了，離挨餓受凍還遠著哩！」

　　金無足赤，領導者對人才不可苛求完美，任何人都難免有些小毛病，只要無傷大雅，何必過分計較呢？最重要的是發現他最大的優點，能夠為企業帶來怎樣的利益。比如，美國有個著名的發明家洛特納，雖然酗酒成性，但是福特公司還是誠懇邀約其去福特公司工作，最後，此人為福特公司的發展立下了汗馬功勞。

　　現代化管理學主張對人實行功能分析：「能」，是指一個人能力的強弱，長處短處的綜合；「功」，是指這些能力是否可轉化為工作成果。結果表明：寧可使用有缺點的能人，也不用沒有缺點的平庸的「完人」。

# *46* 提問你的隊員

◎遊戲目的：使與會人員在輕鬆的氣氛中彼此熟悉起來。

◎遊戲時間：20～30分鐘

◎參與人數：會員自由交流

◎遊戲道具：紙和筆

◎遊戲場地：室內

◎遊戲步驟：

1. 請每人都寫下一個他打算問剛剛結識的人的問題。建議他們發揮一下創造力，不要問那些平淡無奇的問題(如姓名、所在的公司等等)。

2. 1分鐘後，請與會人員起身在房間裏走動，交流問題或答案。鼓勵他們在隨後的3分鐘內去跟盡可能多的人打交道。

3. 宣佈結束時間已到，請與會人員回到座位上去。

---

### 培訓師上課常用到的小故事

## 工程師與青蛙

小文走在路上看到一隻青蛙，忽然青蛙開口說：先生，請吻我，我會變成公主，我會給你一個熱吻。小文停下來，把青蛙撿起來放入口袋，然後繼續走。

青蛙又說：請快吻我，我願意跟你在一起一天，隨便你要做什麼都可以。小文把青蛙由口袋拿出來，看一下，笑一笑，又放回口袋繼續走。

---

過一會兒，青蛙又說：好了，好了，我願意跟你在一起一個禮拜，請快吻我。

小文又把青蛙由口袋拿出來，看了一下，笑一笑，又放回口袋繼續走。

青蛙又說：怎麼回事，一個禮拜還不夠嗎？你要多久？小文把青蛙拿出來，說：我是一個工程師，沒有時間跟女人鬼混，但是有一隻會說話的青蛙，好酷。

每個人的需求都不同。一般人認為有美女相陪那有男人會拒絕，偏偏這位變成青蛙的公主倒楣，碰上一位不解風情的工程師。

激勵員工時，如不瞭解他們的需求，而用自己的認知給予刺激，不一定能產生期待的結果，甚至還會有反作用。因此，管理者必須根據需求給予相應的激勵方式，才能產生事半功倍的效果。

# 47 我們是一家人

◎遊戲目的：使與會人員在輕鬆的氣氛中彼此熟悉起來。

◎遊戲時間：15 分鐘

◎參與人數：全體參與

◎遊戲道具：無

◎遊戲場地：不限

◎遊戲步驟：

1. 將全部人員分為幾組，分別為 $A_1$、$A_2$、$B_1$、$B_2$、$C_1$、$C_2$。每組 3～4 位成員。

2. 先在組內進行學員間的自我介紹，內容是姓名、工作單位、職位和愛好等。然後推舉一位小組成員代表小組進行介紹。要求將組內每一位學員的情況介紹完整，還可加上自己的評價(大家可以提問)。

3. 當 $A_1$ 小組介紹完，$B_1$、$C_1$ 小組代表要對 $A_1$ 小組的發言做一句話的評價(只可以是正面的，如：$A_1$ 小組成員都很年輕，非常有朝氣；$A_1$ 小組成員看來經驗很豐富；$A_1$ 小組成員都是女孩子，都很漂亮……)。當 $A_2$ 小組介紹完，$B_2$、$C_2$ 小組代表要對 $A_2$ 小組的發言做一句話的評價。以此類推，直到所有小組介紹完畢。

4. 每組介紹自己的代表和發表評價的代表不能是同一個人！

5. 每組時間不超過 2 分鐘。

◎遊戲討論：

1. 你是否容易記住別人？用什麼方法？

2. 自我介紹和介紹別人，那一種方法更容易令你印象深刻？

3. 你是否善於讚揚別人？

4. 你是否善於尋找其他成員的共同點？

## 培訓師上課常用到的小故事

### 什麼都會的鼴鼠

森林裏要舉行比武大會，比賽的項目有飛行、賽跑、游泳、爬樹和打洞。動物們紛紛報名參加自己拿手的項目，鼴鼠也來了，它要求參加所有的項目。負責報名的烏龜把老花鏡摘下又戴上，上下打量著問它：

「五種本領你都會？」

「都會！」鼴鼠自豪地回答說。

幾隻嘰嘰喳喳的小麻雀都閉了嘴，佩服地看著它，然後又嘰

嘰喳喳地飛走了，逢人就說：「鼯鼠可屬害了，它什麼都會！」

比賽開始了，最先比的是飛行。一聲哨響，老鷹、燕子、鴿子一下就飛得沒影了，鼯鼠撲騰著飛了幾丈遠就落了下來，著地時還沒站穩，摔了個嘴啃泥：賽跑比賽，兔子得了第一後，躺在樹下睡了一覺醒來，鼯鼠才跌跌撞撞地跑到終點：游泳比賽，鼯鼠游到一半就游不動了，大聲喊起救命來，多虧了好心的烏龜把它馱回岸上；比賽爬樹時，鼯鼠還沒爬到樹頂就抱著樹枝不敢再爬，頑皮的猴子爬到樹頂後摘了果子往它頭上扔，明知道它不敢用手去接，還故意說請它吃水果；和穿山甲比賽打洞，穿山甲一會兒就鑽進土裏不見了，鼯鼠吃力地刨啊刨，半天才鑽進半個身子。觀眾見它撅著屁股怎麼也進不去，都哄笑起來。

鼯鼠雖然有五種本領，可一到用的時候卻沒有一樣是中用的，這那能算是本領呢？

在公司的人事管理中，有一些自稱什麼都會的人，而且自視很高，老是認為自己大材小用，沒有給他施展才能的舞臺，但是當公司真正起用這些人的時候卻不能承擔大任，破壞了整體計劃，所以管理要善於識人，要善於用人。真正的工作能力不是吹出來的，而是實踐中得到的。

# 48 迅速相處融洽

◎遊戲目的：幫助與會人員在會議初期彼此熟悉起來，並且相處融洽。

◎遊戲時間：由培訓師把握

◎參與人數：兩人一組討論

◎遊戲道具：軟球

◎遊戲場地：會場內

◎遊戲步驟：

1. 把與會人員分成一些兩人小組。請每一組就以下一個或幾個問題進行交談，交談問題的數量視時間而定：

⑴在你的生活中發生的異乎尋常的 3 件事。

⑵你擁有的特殊才能或愛好。

⑶你承擔過的最重要的兩項工作。

⑷在這個世界上，你最崇敬(或最鄙視)的人。

⑸能夠最準確地描述你的個性與感受的一種色彩與一種動物。

2. 請與會人員想像一下最好的朋友會採取什麼方式來做自我介紹，然後用這種方式來介紹自己的好惡、喜愛的消遣方式、個人的抱負等等。

3. 請與會人員按照下列要求進行自我介紹：「告訴大家你的全名和任意一個綽號或簡稱，你的名字來歷，你是否喜歡自己的姓名。還要告訴大家，如果有機會的話你會選擇另外那個名字，為什麼會這樣選擇？」

4.拿一個軟球(網球或海綿球),請與會人員圍成一圈。把球扔給一個人,請那人講一些關於自己的不同尋常的事,然後再把球扔給另一個人,重覆這一過程。提醒與會人員注意,只有在第二次接到球後,才能說出自己的名字。

## 培訓師上課常用到的小故事

### 木桶的容量

管理學中有個木桶原理:一個木桶由許多塊木板組成,如果組成木桶的這些木板長短不一,那麼這個木桶的最大容量不取決於長的木板,而取決於最短的那塊木板。

一個企業好比一個大木桶,除非這個企業人浮於事,否則每一個員工都是組成這個大木桶的不可缺少的一塊木板。這個企業的最大競爭力往往不只取決於某幾個人的超群和突出,更取決於它的整體狀況,取決於它是否存在某些突出的薄弱環節。

而員工則好比是木桶的桶底,這個桶底是由員工的人文素養及他所掌握的各項專業知識和技能構成的。如果桶底不是堅固無缺的,那麼當木桶的容量隨著木板的加長而增大到一定程度時,桶底便開始洩漏,嚴重的情況下桶底會開裂某至會脫落而令木桶整個崩潰。

隨著社會、經濟的飛速發展,人力資源優勢正在替代傳統的物質資源優勢,「以人為木」已逐漸成為企業的共識,人文因素對企業的經營管理和整體競爭力的影響力越來越大,企業員工,特別是企業中高層的管理人員和技術人員越來越需要具備必要的人文素養。

企業的「木桶」容量要增大,員工的培訓就必不可少。能讓

團隊不間斷地學習，就是一個好的領導者。長遠來看，惟一能持久的競爭優勢，就是你的組織有能力比對手學習得更快。沒有一種外力能搶走你這個優勢。任何人想模仿你，在他們模仿中，你又超越他一大步了。

# *49* 握手大活動

◎**遊戲目的**：讓與會人員認識至少 1 成以上的其他與會人員。

◎**遊戲時間**：視人數而定

◎**參與人數**：所有人圍成兩個大圓圈，一個圈套在另 1 個圈裏面。（100 人以下最為有效）

◎**遊戲道具**：無

◎**遊戲場地**：空地

◎**遊戲步驟**：

1. 請所有人圍成兩個大圓圈，1 個圈套在另一個圈裏面。內圈的人面朝外，外圈的人面朝內，迅速地彼此進行自我介紹。

2. 外圈的人持續左移，內圈的人持續右移，直到一個圈的每個人對另一個圈的所有人都做了自我介紹。

---

**培訓師上課常用到的小故事**

### 釣螃蟹的故事

組織中也應該留意與去除所謂的「螃蟹文化」。

釣過螃蟹的人或許都知道，簍子中放了一群螃蟹，不必蓋上

蓋子,螃蟹是爬不出去的,因為只要有一隻想往上爬,其他螃蟹便會紛紛攀附在它的身上,結果是把它拉下來,最後沒有一隻出得去。

　　企業裏常有一些人,不喜歡看別人的成就與傑出表現,天天想盡辦法破壞與打壓,如果不予去除,久而久之,組織裏只剩下一群互相牽制、毫無生產力的螃蟹。

　　勾心鬥角、相互壓制是企業生命力的大敵,心須時刻警惕,加以治理。

# 50 學員繞口令

◎**遊戲目的**:訓練口才,同時在培訓中達到暖場效果。

◎**遊戲時間**:5 分鐘

◎**參與人數**:單個或者集體朗誦

◎**遊戲道具**:無

◎**遊戲場地**:空地

◎**遊戲步驟**:

1. 一面小花鼓,鼓上畫老虎。寶寶敲破鼓,媽媽拿布補,不知是布補鼓,還是布補虎。

2. 車上有個盆,盆裏有個瓶,乒乒乒,乓乓乓,不知是瓶碰盆,還是盆碰瓶。

3. 金瓜瓜,銀瓜瓜,地裏瓜棚結南瓜。瓜瓜落下來,打著小娃娃。娃娃叫媽媽,媽媽抱娃娃,娃娃怪瓜瓜,瓜瓜笑娃娃。

4. 肩扛一匹布，手提一瓶醋，看見一隻兔。放下布，擺好醋，去捉兔，跑了兔，丟了布，潑了醋。

5. 高高山上一條藤，藤條頭上掛銅鈴。風吹藤動銅鈴動，風停藤停銅鈴停。

6. 西關村種冬瓜，東關村種西瓜，西關村誇東關村的西瓜大，東關村誇西關村的大冬瓜，西關村教東關村的人種冬瓜，東關村教西關村的人種西瓜。冬瓜大，西瓜大，兩個村的瓜果個個大。

7. 毛毛和濤濤，跳高又賽跑。毛毛跳不過濤濤，濤濤跑不過毛毛。毛毛教濤濤練跑，濤濤教毛毛跳高。毛毛學會了跳高，濤濤學會了賽跑。

8. 四是四，十是十，要想說對四，舌頭碰牙齒；要想說對十，舌頭別伸直，要想說對四和十，多多練習十和四。

9. 灰化肥發灰，黑化肥發黑。

◎遊戲討論：

1. 當有人發音錯誤的時候，聽者和當事人會有何感受和反應？

2. 我們如何才能做到發音準確、詞句流利？

---

### 培訓師上課常用到的小故事

## 龜兔重賽

兔子與烏龜賽跑輸了以後，總結經驗教訓，提出與烏龜重賽一次。賽跑開始後，烏龜按照規定線路拼命往前爬，心想：這次我輸定了。可它到終點後卻不見兔子。正在納悶之時，只見兔子氣喘吁吁地跑了過來，原來兔子求勝心切，一上路就埋頭狂奔，估計快到終點了，它抬頭一看，發覺竟跑錯了路，不得不返回重新奔跑，因而還是落在烏龜之後。

戰略、路線正確與否至關重要。從一定意義上來說，現代企業之間的競爭是企業戰略定位的競爭。

# 51 撲克牌大分組

◎**遊戲目的：**培養在亂局中出頭的主動性與對矛盾本質的洞悉力，兩利相權取其大，兩弊相較取其輕；實現組織內部的信息共用，培養個人的團隊及顧全大局的精神。

◎**遊戲時間：**30～40 分鐘(視需要探討的深度而定)

◎**參與人數：**最宜於在 24～36 人範圍內使用

◎**遊戲道具：**對開白紙 1 張(事先就固定在白板或教室牆上)；雙面膠紙 1 卷(事先就裁成約 40 釐米長，每組一條，由上而下間隔地粘貼在白紙上)；普通撲克 1 副(抽去大小「鬼」，一共為 52 張)；紅色白板筆 1 支。

◎**遊戲場地：**室內

◎**遊戲規則：**

在 3 分鐘之內，每人將自己摸到的一張撲克牌去與另外的 4 張(或 5 張、6 張)牌組合成一副牌(這就是你們未來的學習團隊了)，要力爭最快組成優勝牌組。

1. 凡是按照同花順子、同花、雜花順子方式組合的，依次為第一、二、三優牌組。

2. 由若干對於組成的雜花牌組中，對子數少者(如一組 5 張的牌中 3＋2 相比 2＋2＋1；6 張的牌中 3＋3 相比 2＋2＋2)為第四優牌組。

3. 如果出現含「炸彈」(即黑桃、紅桃、梅花、方塊 4 張齊全的同一個牌)的牌組，則「化腐朽為神奇」，一躍為所有牌組中最優的。

4. 某一組合類型中如出現兩個以上同類牌組，則先組合成功(先上交)者為本類組合之優。

5. 各牌組申如果出現了一副沒有一條符合上述標準的最差的牌組，則表明了整個牌局的失敗。

◎ **遊戲步驟：**

1. 分發撲克牌(可請助手幫助)。每個自取一張，未得到「開始」指令時，不許看牌。

2. 宣佈「開始」。密切觀察參與者表現，催促大家及時將組合好的牌組交來，分別放好。

3. 公佈成績。收齊各副牌後，依照交來的時間先後，依次將各牌組中的每張牌有規律地粘貼在一條雙面膠紙上，按照規則評出各牌組的位次，將其標註在各牌組旁。可以向最優牌組頒發小獎品。如果出現最差牌組，則宣佈本次組合失敗。

◎ **遊戲討論：**

1. 在整個遊戲的操作過程中，無論是最好的牌還是最差的牌，只有在組合後，才能實現其價值，才能發現最優勝牌組還是最差牌組。個人的價值是無法單個顯現出來的，只有在群體中，個人的價值才可能得到證實或者顯現。比如孤立的一張 K，或者一張 3，是無所謂誰大誰小的，只有在組合後其價值才能得到最大實現，組成優勝牌組，或者最差牌組。

2. 在組合牌組的時候，也有可能出現這樣的問題，比如有無可能

適當調動若干張牌，以消滅最差的牌組，或提升優勝位次較低的牌組，從而使整個大牌局改觀？

---

**培訓師上課常用到的小故事**

### 鯊魚的生存哲學

鯊魚因為擁有超強的適應性，在地球上已生存超過一萬五千年。隨時隨地移動，永不停息。鯊魚是世界上最靈活的動物，全身只有軟骨，沒有一塊堅硬的骨頭。尖銳的牙齒是它賴以生存的武器，藉由不斷汰換舊牙齒讓自己的武器更加銳利。永遠對週遭環境保持高度警覺。此外，在來回游走時，它更根據水溫隨時自我調適。因此，不論生存環境如何，鯊魚總是能夠很快地適應下來。

「彈性」、「創新」、「行動」、「靈敏」是鯊魚的生存哲學，也足以作為企業經營者的借鑑，以求得企業的永續經營。

---

# 52 卡片的感覺

◎**遊戲目的**：使學員在剛剛開始的時候就能夠主動同別人接觸交流，相互熟悉，增進瞭解。

◎**遊戲時間**：10 分鐘

◎**參與人數**：人數最好是 4 的倍數

◎**遊戲道具**：卡片

◎**遊戲場地**：室內

## ◎遊戲步驟:

1. 大家在進入會場時,領到了一張卡片,但只是 1/4 張卡片,進入會場後,需要去尋找其他 3 位會員手中的卡片,將其拼合成一副完整的圖片。

2. 大家要積極地尋找陌生人,詢問、展示、合作,最終才能達成「聯盟」,只有找到其他的 3 位朋友,才能找一個位置坐下來。

3. 把組合成的圖片放到桌面前方。並要迅速熟悉本小組成員。

### 培訓師上課常用到的小故事

## 鴨子過河

從前,有個年輕人騎馬到處遊玩。有一天,他來到一條小河邊,他想涉河而過,但看到河水流得很急,擔心河水太深,馬兒會被淹死。

在猶豫不決時,他看到小河對面有個小孩在玩泥沙。

他便大聲問那小孩:「小孩,這河深不深?馬兒可以過去嗎?」

那小孩望望馬兒後,便說:「不深,不深,馬兒可以過河,沒有問題的。」

聽後,那年輕人便跳上馬背,騎馬過河了。豈知,走到河中間,河水已淹過馬背,剩下馬頭,他驚慌不已,便撤退回岸。

那年輕人衣服全濕,很生氣地責罵那小孩,以為他講假話。那小孩聽後回答說:「我家的鴨子每天清晨都在河上游來游去,他們的小腿這麼短都沒問題,你的馬兒這麼高大,怎會不可以呢!」

當我們面對一些事業的疑問時,需要他人的見解,我們必須要去詢問在那方面有專長的人,因為他們才可以提供一個比較全面且實際的看法,絕對不要去問那些門外漢。因後者「似懂非懂」,

往往會像那小孩子一樣，根據「個人推理」而給我們「指點迷津」，最終事倍功半或半途而廢。

# 53 團隊迎接挑戰

◎**遊戲目的**：考驗團隊，使整個團隊迎接挑戰。

◎**遊戲時間**：10～20 分鐘

◎**參與人數**：每組 5 或 15 人

◎**遊戲道具**：筆、紙

◎**遊戲場地**：不限

◎**遊戲步驟**：

1. 分組，不限幾組，但每組必須 5 人或 15 人。

2. 發給每組一張紙和一支筆。五分鐘內要每組寫出幾種不同的挑戰項目。

3. 這些項目必須是自己能完成的項目，可以是關於體能上的項目：造出個金字塔；有一個人可以抬起另外 5 個人；我們這組有最多在同一月生日的人；我們這組可以唱出任何電視劇歌曲等。

4. 這些項目不能有一看就知道別組沒法完成的項目，如：我們這組有人的頭髮長度是全體人裏最長的。

5. 等到大家都寫完後，每一組輪流先做出他們自己的挑戰項目，然後要其他的組試著在一定時間中做出。

## 培訓師上課常用到的小故事

# 心態決定命運

著名哲學家周國平寫過一個寓言，說一個少婦去投河自盡，被河中划船的老艄公救上了船。

艄公問：「你年紀輕輕的，為何尋短見？」

少婦哭訴道：「我結婚兩年，丈夫就遺棄了我，接著孩子又不幸病死。你說，我活著還有什麼樂趣？」

艄公又問：「兩年前你是怎麼過的？」

少女說：「那時候我自由自在，無憂無慮。」

「那時你有丈夫和孩子嗎？」

「沒有。」

「那麼，你不過是被命運之船送回到了兩年前，現在你又自由自在，無憂無慮了。」

少婦聽了艄公的話，心裏頓時敞亮了，便告別艄公，高高興興地跳上了對岸。

人的心態是隨時隨地可以轉化的。一個人心裏想的是快樂的事，他就會變得快樂；心裏想的是傷心的事，心情就會變得灰暗。人生的成功或失敗，幸福或坎坷，快樂或悲傷，有相當一部份是由人自己的心態造成的。

# 54 團隊節奏

◎**遊戲目的**：感受團隊協作氣氛。

◎**遊戲時間**：10 分鐘

◎**參與人數**：全體參加

◎**遊戲道具**：紙牌

◎**遊戲場地**：室內

◎**遊戲步驟**：

1. 把大家隨機分成若干組，比如 1、2 月出生的人為 A 組，3、4 月出生的人為 B 組等。

2. 每個組讓他們用不同的方式發出聲音，如 A 組鼓掌，B 組跺腳，C 組發出「哈哈」的聲音等。

3. 事先準備些牌子，上面寫各組組名。正式表演開始，你舉起那個組的牌子，那個組就發出相應的聲音。團隊的交響樂開始神奇般地展現了。

◎**注意**：

1. 每組規定各自的節奏。

2. 正式開始前一定要分組反覆演練，否則全場噪音一片，你失去威信，下面的人也會失去興趣。

3. 同時可舉好幾塊牌子，有變化(可找人來幫忙舉)。

4. 事先強調要聆聽，不要只顧自己，這很重要。

5. 中途找些學員來擔任的角色指揮。

## ◎遊戲討論：

有很多理念可分享，如團隊精神、個人與團隊、分工協作、領導力等。

┌─────────────────────┐
│ **培訓師上課常用到的小故事** │
└─────────────────────┘

### 盛開的鮮花

一位上了年紀的老女人開車來到墓地，看她死去的兒子，為他獻花。

醫院已經證實，她得了絕症，她想在臨死之前親自來看一看兒子。守墓人對婦人說：「您一連幾年寄錢托我給您的兒子獻花，我總覺得可惜。」

婦人困惑的看著守墓人。

守墓人繼續說：「獻花擱在那兒，幾天就乾了，沒人聞，沒人看，太可惜了！而孤兒院裏的那些人，他們很愛看花，愛聞花，那都是活著的人。」

婦人沒有做聲。幾個月之後，婦人又來到墓地，煥發著光彩，她對守墓人說：「我把花都給那兒的人了，你說得對，他們很高興，我的病也好轉了。醫生不明白是怎麼回事，可是我自己明白，我覺得活著還有些用處。」

活著要對別人有些用處才能快活，獻花擺在合適的地方，才能發出最吸引人的芳香，任何事物都應該出現在它應當出現的地方，才能最大的發揮它的作用。

# 55 印象測驗

## ◎遊戲目的：

印象測驗是一個增進團隊成員之間瞭解的遊戲。這個遊戲進行起來非常簡單，能夠在加深對別人瞭解，對於培養隊友之間的感情有重要作用。

1. 增進自我介紹的效果。

2. 加深成員間的相互瞭解。

3. 緩和職場緊張氣氛。

◎**遊戲時間**：30 分鐘(說明約 5 分鐘，自述約 5 分鐘，作答約 5 分鐘，統計約 5 分鐘，交流約 10 分鐘)

◎**參與人數**：6 人一組，全體參與

◎**遊戲道具**：備有印製完畢的遊戲例題和合適的筆

◎**遊戲場地**：會場(能夠容納所有團體成員，可以當場編排組合，具有適應書寫和相互交談的條件)

◎**遊戲步驟**：

介紹完畢遊戲規則、分發完測驗紙後，讓小組成員在姓名欄裏填上自己的姓名(第一輪填寫往往是第一個人，即填 A 的姓名)之後，讓 A 在 5 個問題的 A 欄裏逐個填上據自己對對方的印象而作出的選項，在本人欄裏填上自己的真實喜好和情況。第二輪填寫過程是對方即 B 填上自己的真實喜好和情況。

由於 B 欄的答案是真實的，故將 A 欄和 B 欄相對照，兩者相一致的記錄在合計欄裏，相一致的項目百分比反映了別人對自己印象正確

的程度。通過這一組統計結果，小組成員可分別識別出自己對別人的印象和別人對自己的印象差異。

　　接下來，小組成員可基於印象測驗的結果展開交流，充分溝通。在遊戲裏，小組成員不知不覺地培養出了應努力瞭解他人的態度，也培養出了讓別人充分瞭解的態度。這種深入交談有利於培養團隊精神。

### 印象測驗例題

| 回答的問題 | | | 1 | 2 | 3 | 4 | 5 | 本人 |
|---|---|---|---|---|---|---|---|---|
| 1 | 喜歡的季節<br>1. 春　2. 夏<br>3. 秋　4. 冬 | A | | | | | | |
| | | B | | | | | | |
| 2 | 血型<br>1. A　2. B<br>3. AB　4. 0 | A | | | | | | |
| | | B | | | | | | |
| 3 | 喜歡的酒的種類<br>1. 洋酒　2. 白酒<br>3. 啤酒　4. 不喝 | A | | | | | | |
| | | B | | | | | | |
| 4 | 去哪兒旅遊<br>（自由技術） | A | | | | | | |
| | | B | | | | | | |
| 5 | 喜歡的顏色<br>（自由記述） | A | | | | | | |
| | | B | | | | | | |
| 合計 | | A | | | | | | |
| | | B | | | | | | |

◎注意：

印象測驗所使用的問題如果能讓參加成員參與提出，效果將會更好。

◎遊戲討論：

1. 別人對自己的印象是否和自己心中所想的有所不同？

2. 遊戲結束後是否彼此之間更為熟悉，對這個團隊的陌生感也降低了？

◎遊戲總結：

要想更充分地瞭解自己的同事，當然最直接的辦法就是增強彼此間的交流。雙方應該自由、平等地相處，不要讓對方覺得自己很難接近，這樣才利於結交工作上的好夥伴。

可以在遊戲的過程中給對方一個友好的眼神抑或是微笑，接近兩人之間的距離；記住對方的喜好和興趣，並想像與此有關的、對方可能也會感興趣的其他可以延伸的方面，在大腦中構建出一張對方偏愛的「地圖」，這樣一來對方就會覺得你比較在乎他，而這也有利於增進你們的關係。

# 56 和諧的龍尾

◎**遊戲目的**：增強隊員之間團結協作的能力，讓他們感覺、體驗「和諧達到團隊成功」的魅力。

◎**遊戲時間**：15～20 分鐘

◎**參與人數**：40 人以下，分成若干組(如 5 組)，每組若干人(如

6 人)

◎**遊戲道具**：色帶、繩、報紙條等類似的條狀物體

◎**遊戲場地**：空地

◎**遊戲步驟**：

1. **第一階段**：

⑴培訓師先將與會人員分成若干組(如 5 組)，每組若干人(如 6 人)。

⑵每組皆排成一直行，每個人把手放在前面那人的肩上，在最尾的那人背上掛上色帶。

2. **第二階段**：

⑴遊戲開始時，每組最前的那人要去捉住其他組組尾的色帶，而組尾那位亦要閃避不讓人捉到自己的「尾巴」。

⑵若捉到別組的「尾巴」，兩組便合成一組，變成一條較長的「龍」。

3. **第三階段**：

⑴持續進行，直至所有組成為一條龍為止。

⑵整條長龍的最尾的一組，是贏家。

◎**注意**：

團隊中所有人必須配合默契、和諧行動。

◎**遊戲討論**：

1. 在遊戲之中，團隊同時處於攻勢和守勢之中，如何協調兩者之間的關係？

2. 隨著隊員的增加，「長龍」的靈活性將趨於下降，如何保持不敗？

## 培訓師上課常用到的小故事

### 點亮自己的心燈

一個僧人在漆黑的晚上趕路,跌跌撞撞,看不到前行的方向。

突然在前方出現了一個提燈的人,為僧人照亮了前方的道路,僧人感謝提燈的人。提燈的人對僧人說:「我其實是一個盲人!」

僧人大惑不解,問道:「你既看不到,那提燈又有什麼作用呢?」

「我雖然不能用燈照明,但可以為別人照亮,也讓別人看到我自己,這樣,他們就不會因看不見而撞到我了。」

僧人聽了,頓有所悟。

每個人都有一盞心燈,點亮屬於自己的那一盞燈,即照亮了別人,更照亮了自己,幫助別人就是成就自己。

# 57 學員的人浪

◎遊戲目的:培養團隊成員隨外界變化而立即變化的能力,同時活躍氣氛。

◎遊戲時間:10 分鐘

◎參與人數:全體學員一起參加

◎遊戲道具:大纜繩

◎遊戲場地:空地

◎遊戲步驟：

1. 全體學員手握纜繩圍成一圈，面向圓心，同時向後靠，形成一個巨大的人圈。

2. 培訓師發出指令：

⑴某個方向的人向下蹲，另外 3 個方向的人感覺中間力量的變化。

⑵按順時針方向逐一向下蹲，完成人浪的操作。

◎遊戲討論：

1. 在別人向下蹲時，你感覺有什麼變化？你會有什麼直接反應？

2. 我們這個團隊是怎樣達成相互配合效果的？

## 培訓師上課常用到的小故事

### 你的行為就是別人對待你的「砝碼」

法國北部諾曼第的一個小鎮，有位麵包師傅經常到隔壁農場買牛油。麵包師傅發現每回購得 1.5 公斤重的牛油塊，都被人偷斤減兩，而且問題一再重演。終於，忍無可忍之下，他將農場主人揪送法辦。

法官問農場主人：「您有磅秤嗎？」

「有的。」

「你少了稱重量的砝碼嗎？」

「我是少了幾粒砝碼塊，重量不齊。」

「那您又如何能稱出牛油塊的重量呢？」

「跟您據實稟報，法官。根本不需要砝碼！」

「怎麼可能？」

「事情是這樣子的，當麵包師傅很賞光地到農場買牛油，我

也決定採購他做的麵包。而且,每次就用他送來的 1.5 公斤麵包
當作砝碼,稱出等重的牛油回賣給他。如果他不服,認為被欺詐,
這不是我的錯,是他的。」

你的行為就是別人對待你的「砝碼」。人最重要的品格就是誠
實,你怎樣對待別人,別人就會怎樣對待你。

# 58 人體的大椅子

◎遊戲目的:活躍現場氣氛,打破肢體接觸障礙,培養團隊的
　　　　　　支持與信任。
◎遊戲時間:5 分鐘
◎參與人數:全體學員一起參加
◎遊戲道具:無
◎遊戲場地:空地
◎遊戲步驟:

1. 全體學員圍成一圈。

2. 每位學員將雙手放在前面一位學員的雙肩上。

3. 請每個人使自己的腳尖頂在前面人的腳後跟上。

4. 聽從培訓師的指令,緩緩地坐在身後學員的大腿上。

5. 坐下後,培訓師再給予指令,讓學員叫出相應的口號,例如「齊
心協力、勇往直前」等。

6. 最好以小組競賽的形式進行,看看那個小組可以堅持最長時間
不鬆垮。

◎注意：

此活動的關鍵是所有的人圍成的圈一定要圓，人一定要靠緊。

◎遊戲討論：

1. 在遊戲過程中，自己的精神狀態是否發生了變化？身體和聲音是否也相繼出現變化？

2. 在發現自己出現以上變化時，是否及時加以調整？

3. 要在競爭中取勝，有什麼是相當重要的？

---

**培訓師上課常用到的小故事**

## 你開車開得好極了

最近，和一位朋友同乘一輛計程車。下車時，朋友對司機說：「謝謝你。你開車開得好極了。」

司機愣了一下，然後說：「你是在說俏皮話還是什麼？」

「不，老兄，我不是開你的玩笑。交通那麼擁塞而你卻能保持冷靜，我很佩服。」

「噢。」司機應了一聲便開車走了。

「這是怎麼回事？」我問：

「我是想使人們恢復愛心，」他說，「只有這樣才能拯救這個城市。」

「一個人怎能拯救這個城市？」

「不是一個人，我相信我已使那個計程車司機今天整天都心情愉快。假定他今天要載客 20 次，他將會因為曾經有人待他好而待他那些客人也好。然後他那些客人也會此而待他們的僱員、店主、侍者甚至自己的家人更加和顏悅色。而那些人也會因此而待別人好。到最後，這份好心善意可能傳達給至少一千人。這樣並

不壞吧,是不是?」

情緒會傳染人的,我們的愛心也會在彼此的交流溝通中相互傳遞的。舉手投足之間的善意可以帶給別人快樂。只要我們相信,只要我們去努力。

# 59 何處尋佳人

◎**遊戲目的**:活躍氣氛,體驗互幫互助。

◎**遊戲時間**:10 分鐘

◎**參與人數**:全體參與

◎**遊戲道具**:紙、筆、透明膠帶

◎**遊戲場地**:室內

◎**遊戲步驟**:

1. 男女雙方人數一樣,合計 10 人最為恰當。

2. 事前,先在紙上寫著諸如「羅密歐」與「茱麗葉」,「王祖賢」與「齊秦」,「梁山伯」與「祝英台」等一對對佳偶的名字。

3. 將這些已寫好名字的紙中的男性名字貼在男性的背後,女性名字貼在女性背後。同時,不可讓所有參賽者看到彼此背後所貼的名字。

4. 一切就緒後,所有出場者,個個竭盡所能,說出他人背後的名字,然後推想自己的背後名字。倘若讀出了所有人員背後的名字,就不難推出自己背後名字了。

5. 聯想出自己背後名字後,要趕快與自己「對象」湊成一組,互相挽胳膊。

6.到最後沒有成對的人，就是負方。

◎變化：

1.配對的對象改為動物與食物，如「狗」對「骨頭」、「雞」對「蟲子」等；

2.可以改為尋 3 人組合，如「劉備」、「關羽」、「張飛」為一組等。

◎遊戲討論：

1.通過此遊戲悟出什麼：幫助別人等於幫助自己？……

2.想一想：如果有一組組合錯誤，是不是可能引發很多組一起錯誤？

3.如果你是主管，怎樣使你的資源達到最優的配置？

---

### 培訓師上課常用到的小故事

## 放下這杯水

講師在課堂上拿起一杯水，然後問學生：「各位認為這杯水有多重？」學員們有的說 20 克，有的說 500 克。

講師則說：「這杯水的重量並不重要，重要的是你能拿多久？

拿一分鐘，你覺得沒問題；

拿一個小時，可能覺得手酸；

拿一天，可能得叫救護車了。」

其實這杯水的重量是一樣的，但是你若拿得越久，就覺得越沉重。這就像我們承擔的壓力一樣，如果我們一直把壓力放在身上，不管時間長短，到最後，我們就覺得壓力越來越沉重而無法承擔。

我們必須做的是，放下這杯水，休息一下後再拿起這杯水，如此我們才能夠拿得更久。壓力是好事，但對待壓力的一定有一

個「度」的問題。

# 60 鄰居換位置

◎遊戲目的：活躍現場氣氛，考驗大家反應能力。

◎遊戲時間：15～20分鐘

◎參與人數：所有人圍成一個圓圈，一人站在圓心

◎遊戲道具：無

◎遊戲場地：不限

◎遊戲步驟：

1. 由站在圓心的人隨機問圓圈裏的人(比如說 A)：「你喜歡我嗎？」如果 A 回答「喜歡」，則 A 週圍相鄰的兩個人就要互換位置，在互換位置的時候，站在圓心的人就要迅速地插到 A 週圍相鄰的兩個位置之間，這樣 A 週圍相鄰的兩個人有一個就沒有位置，那麼就由他表演一個節目或做自我介紹，然後就由他站在圓心，遊戲開始下一輪。

2. 如果 A 回答「不喜歡」，則站在圓心的人將會繼續問 A：「那你喜歡什麼。」如果 A 回答「我喜歡戴眼鏡的人」，則場上所有戴眼鏡的人都必須離開自己的座位尋找空位，而站在圓心的人需要迅速地找一個位置，這樣沒有找到位置的人就要表演一個節目或做自我介紹，然後站在圓心，遊戲開始下一輪。

3. A 在回答「不喜歡」之後，還可以作其他回答。例如「我喜歡男人」，那麼全場的男人必須全部換位，如果 A 是男的，他自己也要換位。為了增加難度和趣味性，還可以回答「我喜歡穿白襪子的人」

等不被人馬上發現的細節。

---

### 培訓師上課常用到的小故事

## 機遇其實無處不在

　　洪水淹沒了村落。一位神父在教堂裏禱告，眼看洪水已經淹到他跪著的膝蓋了。這時，一個救生員駕著小船來到教堂，說道：「神父，快！趕快上來！不然洪水會把你淹沒的！」

　　神父說：「不！我要守著我的教堂，上帝會來救我的。」

　　過了不久，洪水已經淹過神父的胸口了，神父只好勉強站在祭壇上。這時，一個員警開著快艇過來了：「神父，快上來！不然你會被淹死的！」神父說：「不！我要守著我的教堂，我的上帝一定會來救我的。你先去救別人好了。」

　　又過了一會兒，洪水已經把教堂整個淹沒了，神父在洪水裏掙扎著。一架直升機飛過來，飛行員丟下繩梯大叫：「快！快上來！這是最後的機會了，我們不想看到你被淹死！」神父還是固執地說：「不！上……上帝會來救我的……」話還沒說完，神父就被淹死了。

　　神父死後見到了上帝，他很生氣地質問：「上帝啊上帝，我一生那麼虔誠地侍奉你，你為什麼不肯救我？」

　　上帝說：「我怎麼不肯救你？第一次，我派了小船去找你，你不要；第二次，我又派了一艘快艇去救你，你還是不肯上船；最後，我派了一架直升機去救你，結果你還是不肯接受。是你自己沒有把握機會啊，怎麼能怪我呢？」

　　在現實生活中，我們總是在抱怨上帝沒有給我們機會。其實機遇無處不在，關鍵是你肯不肯把握而已。

# *61* 猜一猜

◎**遊戲目的**：考驗觀察記憶能力。

◎**遊戲時間**：15 分鐘

◎**參與人數**：選出一部份人參與，其餘人觀察

◎**遊戲道具**：無

◎**遊戲場地**：不限

◎**遊戲步驟**：

1. 10 或者 15 位隊員全部排好坐在椅子上，而被選出的兩個觀察員，花 1 分鐘來記下排列順序。

2. 觀察員走出室外，其中留在室內的隊員趁機交換位置。

3. 觀察員進來後要說出誰和誰曾經換過位置，先猜中的觀察員獲勝。

┌─────────────────────────────┐
│ 　培訓師上課常用到的小故事 │
└─────────────────────────────┘

## 快樂來自你的心

一對新婚夫婦生活貧困。丈夫為了妻子過上體面日子，去了很遠地方打工，妻子答應在家忠貞地等他回來。

年輕人在老闆那工作 20 年後，臨行時老闆未給他發工錢，給了他三條忠告和三塊麵包。第一，永遠不要走捷徑。便捷而陌生的道路可能要了你的命；第二，永遠不要對可能是壞事的事情好奇，否則也可能要了你的命；第三，永遠不要在仇恨和痛苦的時候做決定，否則你以後一定會後悔。老闆給他的三個麵包，兩個

讓他路上吃，另一個等他回家後和妻子一起吃。

在遠離自己深愛的妻子和家鄉 20 年之後，男人踏上了回家的路。一天后，他遇到了一個人，那人說：「你要走 20 多天的路，這條路太遠了，我知道一條捷徑，幾天就能到。」他高興極了，正準備走捷徑的時候，想起了老闆的第一條忠告，於是他回到了原來的路上。後來，他得知那人讓他走所謂的捷徑完全是一個圈套。

幾天之後，他走累了，發現路邊有家旅館，他打算住一夜，付過房錢之後，他躺下睡了。睡夢中，他被一聲慘叫驚醒。他跳了起來，走到門口，想看看發生了什麼事，剛剛打開門，他想起了第二條忠告，於是回到床上繼續睡覺。第二天，店主對他說：「您是第一個活著從這裏出去的客人。我的獨子有瘋病，他昨晚大叫著引客人出來，然後將他們殺死埋了。」

男人接著趕路，終於在一天的黃昏時分，他遠遠望見了自己的小屋，還依稀可見妻子的身影。雖然天色昏暗，但他仍然看清了妻子不是一個人。還有一個男子伏在她的膝頭，她撫摸著他的頭髮。看到這一幕，他真想跑過去殺了他們，這時他想起了第三條忠告，於是停了下來，想了想，決定在原地露宿一晚，第二天再做決定。天亮後，已恢復冷靜的他對自己說：「我不能殺死我的妻子，我要回到老闆那裏。求他收留我，在這之前，我想告訴我的妻子我始終忠於她。」

他走到家門口敲了敲門，妻子打開門，認出了他，撲到他懷裏，緊緊地抱住了他。妻子眼含熱淚，並讓兒子見過父親。原來，年輕人走的時候妻子剛剛懷孕，現在兒子已經 20 歲了。

丈夫走進家門，擁抱了自己的兒子。在妻子忙著做晚飯的時

候，他給兒子講述了自己的經歷。接著，一家人坐下來一起吃麵包，他把老闆送的麵包掰開，發現裏面有一筆錢——那是他 20 年辛苦勞動賺來的工錢。

這位老闆的忠告太睿智了。有時，我們的快樂真的不是來自於錢，是來自我們的心。只有我們的心靈富有了，我們才快樂了呀！

# 62 學員湊成天龍八部

◎**遊戲目的：**以較熱烈的活動使學員彼此熱絡。

◎**遊戲時間：**10 分鐘

◎**參與人數：**全體人員分組參與，每組 8～10 人

◎**遊戲道具：**無

◎**遊戲場地：**不限

◎**遊戲步驟：**

1. 第一階段：學員雙手搭在左右夥伴的肩膀，圍成一圈。

2. 第二階段：在訓練員的口令下往前踏步，計算共能走動幾步。

◎**注意：**

1. 注意肩部的壓迫，壓力過大時應出聲停止再向前。

2. 避免朝某一方向跌倒。

◎**遊戲討論：**

1. 這種方式踏步的感覺如何？你覺得如何才能做得更好？

2. 如果你們跌倒了，你的感覺又如何？

┌─────────────────────────┐
│ 培訓師上課常用到的小故事 │
└─────────────────────────┘

## 只有一條腿的烤鴨

有一位商人喜歡吃烤鴨,就高薪聘請了一位有名的烤鴨廚師。

有一天,商人奇怪地發現廚師端出來的烤鴨只有一條腿,一連幾天都是如此,商人也不好意思問。

這天中午,商人發現鴨子又是只有一條腿,他實在忍不住了,就問廚師:「這鴨子怎麼只有一條腿?另外一條腿那裏去了?」

廚師回答說:「老闆,鴨子本來就只有一條腿啊。」

「胡說!」商人生氣了。

「不信我帶你去看。」廚師說。

於是商人就跟著廚師到後院。當時正值中午,天氣很熱,鴨子都在樹下,縮著一條腿而以單腿站著休息。

「老闆,你看鴨子不是都一條腿嗎?」

商人實在很生氣,就用力拍拍手,鴨子受驚了,就站起來逃了。這時商人反問道:「你看,鴨子不是有兩條腿麼?」

廚師回答說:「老闆,你如果早點拍拍手,那麼鴨子早就有兩條腿了。」

不吝於讚美別人,把你的掌聲和鼓勵不失時機的送給那些喜歡它的人。他們受到激勵後,也會更加努力的對你,你也將可以得到更多的回饋。

# *63* 樂觀訓練法

◎遊戲目的：1. 情緒有正性與負性之分。有些正性情緒，如興奮、好玩、幽默可以激發人的創造力，而許多負性情緒，如痛苦、焦慮、恐懼則會阻礙人的創造力發揮。我們每個人都可能有過因成功或失敗而導致情緒波動的經歷。

2. 這個遊戲可以讓你體驗情緒在問題解決中的強大作用。更可以訓練你的幽默和樂觀的情緒。

3. 這個遊戲要求你和一些朋友一同做，而且要求你偏離你一貫的社會行為。

◎遊戲時間：15 分鐘

◎參與人數：全體參與

◎遊戲道具：無

◎遊戲場地：不限

◎遊戲步驟：

1. 選擇一個夥伴(最好在這些朋友中挑一位不太熟悉的人作為夥伴)。

2. 彼此盯著看，目光不能轉移，同時用嘴大聲學動物叫，至少10 秒鐘。

| 姓氏中文拼音的第一字母 | 動物 |
|---|---|
| A～F | 獅子 |
| G～L | 狗 |
| M～R | 大公雞 |
| S～Z | 豬 |

◎遊戲討論：

1. 在這個簡單的遊戲中，你的感覺如何？

2. 你是否感到既幽默有趣又有些尷尬？

3. 這個遊戲儘管開始時會感到不舒服，很可能結束時已是笑聲滿堂。

4. 你是否注意到好玩和幽默的情緒會有助於你在這個遊戲中創造性地發揮，可能會使你靈機一動，模仿出種種出人意料的叫聲，獲得滿堂喝彩，或者逗得大家捧腹大笑？

5. 在遊戲中，感到尷尬的心理卻會使你羞於開口？假如有你有幽默感，學動物叫就更容易開口。

6. 天性樂觀的情緒是創造力的催化劑。因此，在最困難的時候，不要忘記幽默可以使你保持樂觀。

---

**培訓師上課常用到的小故事**

## 不要有太多顧慮

這是《聖經》上的故事。

有一次摩拉在一條小道上走著，那是一條偏僻的小道。太陽下山了，黑夜降臨了。他忽然感到害怕，因為來了一群人。他想：「這些人一定是暴徒、盜賊，週圍沒人，就我自己。怎麼辦？」

於是他翻過附近的一道牆，發現自己來到了一個墓地。那兒有一個新掘的墳，他就爬了進去。讓自己稍稍冷靜下來。

閉上眼睛，等著那批人過去，然後他可以回家。但那批人也看見有人在那裏。摩拉突然越過牆頭，不禁使他們害怕：「這是怎麼回事？有人躲在那裏幹什麼見不得人的事嗎？」於是他們全都越過牆頭。

現在摩拉肯定了：「我是對的，我的推測是對的，他們是危險人物，現在毫無辦法，只好裝死。」於是他就裝死，他屏住呼吸，因為你不會搶劫或去殺一個死人。但那群人看見有人翻牆，他們十分擔心。他們圍在墳墓四週，看著裏面，那人在幹什麼？他們說：「什麼意思？你在幹什麼？你為什麼呆在這裏？」

摩拉睜開雙眼，看看他們，然後他肯定不會有什麼危險，他笑了，說：「看，這是個問題，一個非常具有哲學意義的問題。你們問我為什麼在這裏，我還想問你們為什麼在這裏呢，我在這裏是因為你們，你們在這裏又是因為我！」

你害怕別人，別人害怕你，你的整個生活將亂成一團。放下這種胡思亂想，放下這種惡性循環，不要在意別人。你的生活就足夠了，不要顧慮別人。如果你無牽無掛地生活，你的存在就會開化，別人也會分享你的存在。你樂意分享，你也樂意給予，但首先你必須停止顧念其他以及他們對於你的想法。

# 64 分組看一看

◎ **遊戲目的：**根據不同的需要，採取不同的形式把學員分組。

◎ **遊戲時間：**10 分鐘

◎ **參與人數：**全體分組

◎ **遊戲道具：**不透明的幕布一條

◎ **遊戲場地：**不限

◎ **遊戲步驟：**

**1. 尋找對象：**

⑴第一步：學員圍成一個圓圈——培訓師說 LOOK UP、LOOK DOWN、LOCK——學員看上、看下，然後用目光鎖定對面的一位同學，當兩人的目光相對時，則拍手、出場交談——交談 3 分鐘——沒對上的繼續。

⑵第二步：學員分列兩行，結對的夥伴面對面站立——各自後退 5 米——蒙上眼罩——發出聲音，尋到對象(不可用學員名字、公司名稱)。

**2. 左、中、右：**

⑴早上起床時，是從左邊下床？右邊下床？——從左邊下床的站左邊，從右邊下床的站右邊，記不清的站中間。

⑵早上穿鞋時，先穿左腳的鞋？先穿右腳的鞋？——先穿左腳的站左邊，先穿右腳的站右邊，記不清的站中間，以此種辦法將學員分成 3 大組。

**3.** 誰是勇士？如果以上辦法分成的 3 組人數懸殊過大,則繼續分

組,按以下辦法:請大家自由組合,尋找另外兩位與自己相像的夥伴,分成 3 人一組。

**4. 積極性:**

誰願意第一個站起來?

誰願意第二個站起來?

由此,將學員分成 3 批。

---

### 培訓師上課常用到的小故事

## 跳出厭倦的小水溝

一隻小青蛙厭倦了常年生活的小水溝——水溝的水越來越少,它已經沒有什麼食物了。小青蛙每天都不停地蹦,想要逃離這個地方。而它的同伴整日懶洋洋地蹲在渾濁的水窪裏,說:「現在不是還餓不死嗎?你著什麼急?」終於有一天,小青蛙縱身一躍,跳進了旁邊的一個大河塘,那裏面有很多好吃的,它可以自由遊弋。

小青蛙呱呱地呼喚自己的夥伴:「你快過來吧,這邊簡直是天堂!」但是它的同伴說:「我在這裏已經習慣了,我從小就生活在這裏,懶得動了!」

不久,水溝裏的水朝乾了,小青蛙的同伴活活餓死了。

只有敢於打破自己固有的圈子,才可能改變自己的命運,才可能擁有更加廣闊的發展空間。那些死守習慣、不願脫離慣有軌跡的人永遠都是狹隘的,他們永遠不會有所突破。

---

# 65 學員真情告白

◎**遊戲目的**：1. 令每個參與者在無任何威脅的情況下，對其他人的優點與缺點進行點評。

2. 讓每個參與者之間相互回饋自己在成員眼中的優點與缺點。

◎**遊戲時間**：30～45 分鐘

◎**參與人數**：全體參與

◎**遊戲道具**：「優點與缺點」表格，每人一支鋼筆

◎**遊戲場地**：室內

◎**遊戲步驟**：

1. 令每個參與者都知道他們將有機會對團隊裏的每個人的優點與缺點進行回饋，也就是說，你喜歡或不喜歡某人的那一方面。

2. 告知每個人這是一項保密的活動，沒有人被告知是誰寫的他的優點與缺點的內容。

3. 給每個人一張「優點與缺點」表格，並告訴他們每人為其他人至少寫出一條喜歡或不喜歡的內容。

4. 收集每張答卷，混合在一起並對每個人念出寫給他們的意見，你首先要從自己的名字念起。

◎**遊戲討論**：

1. 所有的意見都正確嗎？

2. 有沒有互相矛盾的意見？

3. 現在是否有人不願意別人和自己同在一組？

## 培訓師上課常用到的小故事

# 不要像小象那樣掙扎

小象出生在馬戲團中，它的父母也都是馬戲團中的老演員。

小象很淘氣，總想到處跑動。工作人員在它腿上拴上一條細鐵鏈，另一頭繫在鐵杆上。

小象對這根鐵鏈很不習慣，它用力去掙，掙不脫，無奈的它只好在鐵鏈範圍內活動。

過了幾天，小象又試著想掙脫鐵鏈，可是還沒成功，它只好悶悶不樂地老實下來。

一次又一次，小象總也掙不脫這根鐵鏈。慢慢地，它不再去試了，它習慣鐵鏈了，再看看父母也是一樣嘛，好像本來就應該是這個樣子。

小象一天天長大了，以它此時的力氣，掙斷那根小鐵鏈簡直不費吹灰之力，可是它從來也想不到這樣做。它認為那根鏈子對它來說，牢不可破。這個強烈的心理暗示早已深深地植入它的記憶中了。

一代又一代，馬戲團中的大象們就被一根有形的小鐵鏈和一根無形的大鐵鏈拴著，活動在一個固定的小範圍中。

時勢不斷變化，當初做不到的事今天可能就會輕而易舉，當初能辦到的事今天可能就難以辦到了。無論如何，關鍵是心中不要存下一個一成不變的概念——讓好習慣堅持下去，讓壞習慣變成好習慣。

# 66 手指頭遊戲

◎遊戲目的： 1. 測試學員的應變能力。

2. 活躍課堂氣氛，提高學員的注意力和反應能力。

◎遊戲時間：5 分鐘

◎參與人數：全體參與

◎遊戲道具：無

◎遊戲場地：不限

◎遊戲步驟：

1. 全體學員圍成一圈。

2. 每個學員伸出右手食指，向上頂著右邊學員的左手掌心，而他左邊的學員同樣伸出右手食指，向上頂著他的左手掌心。以此類推。

3. 培訓師講一些話，當提到指定詞語時，學員的右手食指儘量逃脫，不要被旁人的手掌抓住，而左手則儘量去抓住旁人的手指。（例如指定詞語為「人」字，培訓師可以說「我們今天這裏來了很多的朋友，他們是一些非常優秀的『人』」，當提到「人」字時，學員就做所指示的動作。）

◎遊戲討論：

1. 你逃了多少次？你被抓住了多少次？你認為你的反應是否很快？

2. 是否因反應錯誤而出現誤逃和誤抓的現象？

3. 思考：聆聽、注意力及反應 3 者之間的關係。

### ◎遊戲總結：

1. 古語說：「一心無二用」，意思是說人在某一時間內不能同時做好多件事。

2. 試著將你的注意力同時分配在聽、動作反應上。

3. 此遊戲可以起到很好調節課堂氣氛的作用。

---

### 培訓師上課常用到的小故事

## 敲動生命的大鐵球

一位世界第一的推銷大師，在他結束推銷生涯的大會上吸引了保險界的 5000 多位精英參加。當許多人問他推銷的秘訣時，他微笑著表示不必多說。

這時，全場燈光暗了下來，從會場一邊出現了 4 名彪形大漢。他們合力抬著一鐵架，鐵架下垂著一隻大鐵球走上台來。當現場的人丈二和尚摸不著頭腦時，鐵架被抬到講臺上了。

那位推銷大師走上台，朝鐵球敲了一下，鐵球沒有動，隔了 5 秒，他又敲了一下，還是沒動，於是他每隔 5 秒就敲一下。這樣如此持續不斷，鐵球還是動也沒動，台下的人開始騷動，陸續有人離場而去，但推銷大師還是靜靜地敲鐵球，人越走越多，留下來的所剩無幾。

終於，大鐵球開始慢慢晃動了，經過 40 分鐘後，大力搖晃的鐵球，就算任何人的努力也不能使它停下來。

最後，這位大師面對僅剩下來的幾百人，介紹了他一生成功經驗：成功就是簡單的事情重覆去做。以這種持續的毅力每天進步一點點，當成功來臨的時候，你擋都擋不住。

簡單的動作重覆做，簡單的話反覆說，這就是成功的秘訣。

說白了，成功其實很容易，就是先養成成功的習慣。世界上最可怕的力量是習慣，世界上最寶貴的財富也是習慣。

# *67* 回答要言不由衷

◎**遊戲目的**：通過活動活躍現場氣氛，同時考驗大家的反應能力。

◎**遊戲時間**：5 分鐘

◎**參與人數**：10～20 人為宜，男女人數相等更佳

◎**遊戲道具**：無

◎**遊戲場地**：不限

◎**遊戲步驟**：

1. 此遊戲是用「是」「不是」回答的遊戲。但回答必須要言不由衷，顛倒事實來回答。

2. 如：對一位男生說：「你常擦口紅？」男生必須回答「是」。

3. 指定一個人當「鬼」，由「鬼」依次發問，答錯的人就換當「鬼」。

◎**注意**：

如果對一個人各問兩個問題，則會相當有趣。

---

### 培訓師上課常用到的小故事

## 只要用心，一切皆有可能

一個隱士計劃在大河上搭建一座橋，方便人們通行，他請所有的動物來幫忙。

大象用它有力的鼻子把巨石推進河裏，犀牛把沙土頂到河中，猩猩把木頭拉到河裏去，所有的動物都樂意為造橋貢獻自己的力量。

小松鼠在一旁看著大工程的進行，覺得自己實在太小，沒有辦法和它們一起工作。後來它想出一個好辦法，它在塵土中翻滾，讓全身沾滿泥土，然後快速跑向河邊，把身上的泥土抖進水中，松鼠一次又一次重覆著這樣做。

這一切隱士都看見了，就誇獎它說：「只要有心：即使一隻小小的松鼠也能有所成就！」

你的工作所取得成就的大小，完全取決於你的用心程度和奉獻精神。只要有心，即使一隻小小的松鼠也能有所成就！只要用心，一切皆有可能。

# 68 顧客下訂單

◎**遊戲目的**：訓練個人的集中注意能力和反應能力，活躍氣氛。

◎**遊戲時間**：5～10分鐘

◎**參與人數**：6～10人

◎**遊戲道具**：無

◎**遊戲場地**：不限

◎**遊戲步驟**：

1. 先選一位領袖當老闆。

2. 老闆要先將自己生意的訂單報告給店員知道,再讓店員報告訂單的內容——訂貨人的姓名和貨物。

3. 例如,老闆指著其中一人說「魚店」,被指到的人就要立刻說:「張先生訂紅龍兩條。」如果顧客所訂的東西有重覆的話,那人就輸了。

4. 生意的內容可不斷變化,使遊戲繼續玩下去。

◎遊戲討論:

1. 老闆指到你時你的第一反應是什麼?他指到你之前你在想什麼或者說你的注意力放在那?

2. 如果你輸了,大家哄堂一笑時,你的感受是怎樣的?

## 培訓師上課常用到的小故事

### 只瞄準自己的目標

老阿爸帶著自己的三個兒子去草原打獵。四人來到草原上,這時老阿爸向三個兒子提出了一個問題:「你們看到了什麼呢?」

老大回答說:「我看到了我們手中的獵槍,在草原上奔跑的野兔,還有一望無際的草原。」

老阿爸搖搖頭說:「不對。」

老二回答說:「我看到了阿爸、哥哥、弟弟、獵槍、野兔還有茫茫無際的草原。」

老阿爸有搖搖頭說:「不對。」

而老三回答說:「我只看到了野兔。」

這時老阿爸才說:「你答對了。」

一個能順利捕獲獵物的獵人只瞄準自己的目標。我們有時之所以不成功,是因為看到的太多,想得太多,禁不住太多的誘惑,

失去了自己的目標和方向。一個人只有專注於你真正想要的東西，你才會得到它。

# *69* 消除恐懼

◎遊戲目的：1. 演示人們被恐懼所控制而產生的後果，並提供應對恐懼的方法。

　　　　　　2. 活躍氣氛。

◎遊戲時間：15～25 分鐘

◎參與人數：2 人一組

◎遊戲道具：圍巾，糖果，計時器，哨子

◎遊戲場地：室內

◎遊戲步驟：

1. 首先選出 4～12 個學員，兩人(A，B)成一組。

2. 先讓 B 組學員到屋外等一會兒，等待口號再進入室內。

3. 在他們離開後，讓餘下的學員迅速行動起來。

4. 把糖果分別藏在屋內比較隱蔽的地方，另一半人很快地擺好椅子及其他作為障礙的東西。

5. 讓學員充分發揮他們的想像力，但也要用敏銳的目光仔細審視他們的選擇。

6. 一旦房間佈置好了，就走到門口，讓 A 把 B 的眼睛蒙上，並把他們領進來。

7. 讓 A 抓著蒙著眼睛的搭檔 B 的胳膊或者襯衫袖子。

8. 告訴大家，屋內藏有許多小禮品，大家的工作就是盡可能多地找出小禮品，時間為 3 分鐘。

9. 規則：

⑴在遊戲的整個過程中，每一組的兩個人必須保持一直在一起。

⑵由蒙著眼的 B 帶路。只有 B 才能拾起小禮品，然後遞給他的搭檔。

⑶給大家 3 分鐘時間，尋找糖果。

10. 吹響哨子，開始遊戲。

11. 3 分鐘之後，再吹一聲哨子，讓每個小組數數他們找到的糖果。

12. 告訴大家，現在開始第二輪。這次，A 可以給 B 任何提示。

13. 吹一聲哨子，進行遊戲。3 分鐘後，吹哨叫停。B 現在可以拿掉蒙眼布了，讓大家坐回到座位上。

14. 讓他們再數數找到的糖果數，看看那一組的「戰利品」最多，給予表揚。讓大家把糖果與幫助過他們的學員一起分享。

◎注意：

1. 一定要注意使房間的佈置合理，不要產生危險！糖果的隱藏之處和障礙應該帶有挑戰性，但不應該具有危險。

2. 在第一輪遊戲中 A 不能給予任何暗示，只能用「是」或「不是」來回答 B 提出的問題。

3. 其他學員可以大聲喊，提供一些有幫助性的建議，告訴他們到那兒去找。（告訴其他學員，參加遊戲的學員會心存感激，會與他們分享他們的戰利品。）

◎遊戲討論：

1. 問 A：在第一輪，當你只能對搭檔的問題進行「是」或「不是」

的回答時,你有什麼感受?

2. 在達到尋找糖果的目標方面,你起了多大作用?

3. 在那一輪,你們找到的糖果比較多?

4. 在遊戲過程中,你有什麼想法和感受?

5. 由於在第一輪遊戲中,A組學員處於很被動的地位,有人感到很不適應嗎?

6. 你想過「來吧,非常容易」嗎?

7. 你回想起以前的恐懼感了嗎?

8. 你想過「我為什麼要害怕嗎?」

9. 在這個遊戲中,你曾對搭檔講過什麼?

10. 在現實生活中,如果你也對自己這麼講,將會對你有什麼幫助?

11. 問 B:在遊戲過程中,你有什麼想法和感受?被蒙著眼睛,有什麼感覺?當你四處走動時,你有什麼想法和感受?

12. 你希望你的搭檔對你說什麼,以幫助摸索你的路?這些話是怎樣幫助你的?

13. 當你處於一個新環境時,你有被蒙住眼睛的感覺嗎?

14. 在現實生活中,恐懼是如何妨礙我們發掘能力達到目標的?

15. 在現實生活中,為什麼恐懼總會伴隨著我們?

16. 恐懼曾發揮過什麼作用,這些作用是什麼呢?

◎遊戲總結:

1. 這個遊戲象徵性地向我們表明,恐懼是如何影響我們對理想的追求的。

⑴ A 是我們獲取信息的來源;

⑵ B 是恐懼的肉體象徵,與他的搭檔本質地連在一起;

⑶小禮品代表我們在生活中要達到的目標,幾乎任何努力都涉及到恐懼——失敗的恐懼、變化的恐懼、未知的恐懼。

2.恐懼總是使我們放慢腳步,使我們小心地前進。

3.因此,恐懼可以恰當地被稱為運動「阻力」。

4.但是,有時我們拋棄恐懼大膽地前行,而有時我們又讓它拉著走。

5.第一輪,由恐懼控制。第二輪,雖然我們仍舊與恐懼連在一起,但這次是由我們控制。

6.成功地把握變化的人能夠有效地應對恐懼。

7.恐懼常常是阻止我們開始一個新方向的主要障礙。

8.恐懼也有一定積極作用,比如恐懼使我們免於做有危險的決定,提高人們對危險預防的警覺性。

---

## 培訓師上課常用到的小故事

### 讓鯨魚躍出 6.60 米的水面

假如你看到體重達 8600 公斤的大鯨魚,躍出水面 6.60 米,並向你表演各種雜技,你一定會發出驚歎,是有這麼一隻創造奇蹟的鯨魚,它的訓練師披露了訓練的奧秘:

在開始時,他們先把繩子放在水面下,使鯨魚不得不從繩子上方通過,鯨魚每次經過繩子上方就會得到獎勵,它們會得到魚吃。會有人拍拍它並和它玩,訓練師會把繩子提高,只不過提高的速度必須很慢,這樣才不至於讓鯨魚因為過多的失敗而感到沮喪。

大道理:如何讓鯨魚躍出 6.60 米的水面?首先給手中的「繩子」定個合適的高度,欣喜地看到每一個進步,及時予以鼓勵和

肯定，奠定信心，而不是讓失望沮喪的情緒籠罩著，離目標越走越遠。

# 70 說故事大王

◎**遊戲目的**：1. 讓學員學會配合。

2. 體驗積極與消極對人的激發。

◎**遊戲時間**：15～20 分鐘

◎**參與人數**：每組 2 人

◎**遊戲道具**：無

◎**遊戲場地**：不限

◎**遊戲步驟**：

1. 讓學員兩人一組，在每組中，確定穿衣服顏色最鮮豔的或樣式最前衛的人為 A。

2. A 讓 B 說一個故事題目，這個題目是事實上以前沒有發生過的，而且 B 必須說一些消極的題目(例如「孤獨和寂寞」或者「我在獄中的一個夜晚」)。

3. A 現在根據這個題目即興講一個故事。在講故事的過程中，A 會停下來，看著 B 說：「我忘了下面的部份了。」

4. B 此時接著往下講，只要它是不愉快的就可以了。例如：

A：「孤獨和寂寞，作者何楊。從前，有一個可憐的、非常老的婦人，她的名字是……啊哈，我忘了她的名字了——」

B：「祥林嫂。」

A:「對,祥林嫂。祥林嫂恨別人。她恨他們是因為……我忘了為什麼了——」

B:「因為他們總是對她不好。」

A:「很對,沒有人對她好。一天,她決定報復世界。她決定……哼——」

B:「出去,把人們的花挖掉。」

A:「是的!她在一個漆黑的晚上,帶著一把鍬,走出了家門……」

5. 你們理解這個意思。一直進行下去,直到達到一個合乎邏輯的結論。

6. 現在 A 讓 B 說另一個題目,這一次是一個積極的題目。

7. B 可能會說:「快樂的小露營者。」

8. A 重新開始,B 這次加入一些積極的細節。

9. 繼續下去,直到故事結束。

## 培訓師上課常用到的小故事

### 別只看見你自己

一位傲氣十足的大款,去看望一位哲學家。

哲學家將他帶到窗前說:「向外看,你看到了什麼?」

「看到了許多人。」大款說。

哲學家又將他帶到一面鏡子面前,問道:「現在你看到了什麼?」

「只看見我自己。」大款回答。

哲學家說:「玻璃窗和玻璃鏡的區別只在於那一層薄薄的水銀,就這點點可憐的水銀,就叫有的人只看見他自己,而看不到別人。」

人們通常只看見自己，看不到別人。哲學家的話讓大款明白了一個道理：人貴有自知之明，無論你的成就有多高，一定要清楚天外有天，人外有人，時刻保持謙虛和謹慎。

# 71 新思惟的對答如流

◎**遊戲目的**：1. 讓學員感受自己的應變能力。

2. 學會如何解決原來思維模式中的「短路」，從而建立起新的思維方式「電路」。

3. 活躍氣氛。

◎**遊戲時間**：10 分鐘

◎**參與人數**：4 人一組

◎**遊戲道具**：無

◎**遊戲場地**：不限

◎**遊戲步驟**：

1. 請學員選擇 1～3 之間的一個數。讓他們舉起與那個數同樣多的手指。現在，讓他們找 3 個舉同樣多手指數的人。

2. 這樣，4 人一組，讓他們選出個頭最小的人。這個人就是第 1 個「目標人」。下一步，讓小組確定誰是第 2 個、第 3 個和第 4 個。

3. 讓第 1 個「目標人」立即朝他們的團隊喊單詞「天空」、「椅子」、「雀斑」……這些單詞是什麼都可以。

4. 然後每一個團隊必須快速地以另一個單詞回答：「藍色」、「奶奶」、「太陽」等。

5.「目標人」必須繼續喊,直到他不能很快地再想出任何單詞。

6. 一旦發現你自己正在說,「哦,嗯,哦……」你必須宣佈失敗。然後站回小組中,重新開始遊戲。

7. 遊戲繼續進行,直到小組中的每個成員都至少有一次作為「目標人」。然後,讓學員返回座位。

## ◎遊戲討論:

學員們的思維是否比 5 分鐘前活躍多了?

## ◎遊戲總結:

1. 這個遊戲最重要的一點就是要使遊戲快速地進行。在遊戲過程中,保持對小組的監督。

2. 如果某個「目標人」速度有點兒慢(典型的,這會以「……嘛」的形式出現),祝賀那個人「大腦烤幹了」,立刻請他下臺。

3. 根據時間,每個小組成員可以不止一次作為「目標人」。

4. 具有創造力的人會提出具有突破性的想法,因為他們知道脫離習慣思維的窠臼。

5. 我們建議在學員們解決問題、進行計劃或者進行腦力激盪之前,都可以用這個遊戲來做大腦的「熱身運動」,讓大腦的神經元活動起來。

6. 做一輪這個遊戲對於任何會議、工作的開始,或者鼓勵人們從新的角度觀察和思考問題都是很有效的。

### 培訓師上課常用到的小故事

### 把爭鬥變成謙讓

在一個原始森林裏,一條巨蟒和一頭豹子同時盯上了一只羚羊、豹了看著巨蟒,各自打著「算盤」。

豹子想：如果我要吃到羚羊，必須首先消滅巨蟒。

巨蟒想：如果我要吃到羚單，必須首先消滅豹子。

於是幾乎在同一時刻，豹子撲向了巨蟒，巨蟒撲向了豹子。

豹子咬著巨蟒的脖頸想：如果我不下力氣咬，我就會被巨蟒纏死。

巨蟒纏著豹子的身子想：如果我不下力氣纏，我就會被豹子咬死。

於是雙方都死命地用著力氣。

最後，羚羊安詳地踱著步子走了，而豹子與巨蟒卻雙雙倒地。

如果兩者同時撲向獵物，而不是撲向對方，然後平分食物，兩者都不會死：如果兩者同時走開，一起放棄獵物，兩者都不會死；如果兩者中一方走開，一方撲向獵物。兩者都不會死；如果兩者在意識到事情的嚴重性時互相鬆開，兩者也都不會死。它們的悲哀就在於把本該具備的謙讓轉化成了你死我活的爭鬥。

# 72 隨機猜想

◎遊戲目的：1. 捕捉應變能力帶來的解決問題的靈感。

2. 採用一種隨機的形式，別具一格地創造性解決問題。

3. 活躍氣氛。

◎遊戲時間：15～45 分鐘

◎參與人數：5～7 人一組

◎**遊戲道具**：一個投影儀或者題板，一本字典或者其他圖書、雜誌、報紙

◎**遊戲場地**：室內

◎**遊戲步驟**：

1. 讓小組確定一個目標。例如「如何增加新的客戶」「如何提高生產率」。把這些目標寫在題板上，或者做成幻燈片。

2. 現在，打開書或者雜誌，蒙上眼睛，指在任意頁面上。無論你指的是什麼單詞，它就是大家在這個練習中會用到的單詞。

3. 把單詞寫在題板下面。（提示：如果你指的是冠詞或連詞，選擇緊挨著的下一個單詞。）

4. 引導大家，尋找你選的單詞和小組目標之間任何可能的聯繫，找得越多越好。

5. 剛開始時，你自己做一下示範。

⑴讓我們假設目標是「如何提高優秀員工的記憶力」，而你選的單詞是小兔子。

⑵開始大聲說出自由的聯繫：「哦，兔子，兔子，兔籠，胡蘿蔔——用胡蘿蔔而不是棍子；也就是更多的獎勵，更少的威脅吧！」（把這句話寫下來）

⑶還有別的什麼嗎？停下來看看大家，請他們插入他們的聯想。

6. 他們很快就會明白這個遊戲的意思，開始有所反應。

7. 重新選擇一個單詞，繼續遊戲。

8. 直到大家至少提出幾個很好的想法(能夠進一步展開聯想的想法)，或者是一個完全可以用來實現目標的想法。

◎**遊戲討論**：

1. 我們在遊戲中的想法與我們平時努力提出新想法有什麼不

同？

2. 脫離正常的思維軌道——將兩個看似毫無關聯的事物聯繫在一起，有怎樣的感覺？是否覺得不容易適應？

3. 隨著遊戲的展開，是否漸漸適應了這種思維方式？

◎遊戲總結：

1. 如果你按照常規的思路——就是說，按部就班地處理問題或者建立常規性的聯繫，你怎麼可能找到真正有創意的想法？

2. 去嘗試用其他方法解決問題。

3. 創造能力強的人總是能夠想出新的方法,他們其實就是在舊的當中發現新的東西。

4. 秘密就在於「想一想」、「試一試」。

5. 具有創造力的人並不給自己施加壓力,刻意地建立新的聯繫。

6. 他們只是面對他們週圍的世界,睜開雙眼,敞開心扉,然後嘗試從這個世界中挖掘新的東西。

7. 所以,這個世界總是會很慷慨地賜予他們很多新的思路！

### 培訓師上課常用到的小故事

#### 分　粥

有七個人曾經住在一起，每天分一大桶粥。要命的是，粥每天都是不夠的。

一開始，他們抓鬮決定誰來分粥，每天輪一個。於是乎每週下來，他們只有一天是飽的，就是自己分粥的那一天。

後來他們開始推選出一個道德高尚的人出來分粥。強權就會產生腐敗，大家開始挖空心思去討好他，賄賂他，弄得整個小團體烏煙瘴氣。

　　然後大家開始組成三人的分粥委員會及四人的評選委員會，互相攻擊扯皮下來，粥吃到嘴裏全是涼的。

　　最後想出來一個方法：輪流分粥，但分粥的人要等其他人都挑完後拿剩下的最後一碗。為了不讓自己吃到最少的，每人都儘量分得平均，就算不平，也只能認了。大家快快樂樂，和和氣氣，日子越過越好。

　　同樣是七個人，不同的分配制度，就會有不同的風氣。所以一個單位如果有不好的工作習氣，一定是機制問題，一定是沒有完全公平公正公開，沒有嚴格的獎勤罰懶。如何制訂這樣一個制度，是需要考慮的問題。

# 73 提供服務的對白

◎ **遊戲目的**：1. 體會一下在應對變化情景時的反應。

　　　　　　　2. 活躍課堂氣氛。

◎ **遊戲時間**：20 分鐘

◎ **參與人數**：2 人一組

◎ **遊戲道具**：一部劇本和觀眾調配表

◎ **遊戲場地**：室內

◎ **遊戲步驟**：

1. 選擇兩名志願者，分別叫做 A 和 B。

2. 請志願者 A 和志願者 B 描述一個發生在兩人之間的典型的商業情節(例：一名客戶服務代表在為一名客戶提供服務；同一項工程的

兩個同事在爭論問題)。

3. 從所選的劇本中選出三四句，以此為例，A 和 B 一起演示。

4. 現在，讓兩個演員放鬆一下，開始他們的即興表演。

5. A 不斷將自己的話同 B 事先準備好的話聯繫起來，而不是根據常理往下說。

6. A 要做的就是跟著 B 從戲劇劇本中選出的句子往下發揮想像。提醒他們，如果他們在進行的過程中遇到困難，可以向觀眾尋求幫助。

7. 3～5 分鐘以後叫停，並且帶頭為他們鼓掌。請他們坐回到他們的座位上去。

◎遊戲討論：

1. 請大家回答觀眾調查表上的問題。

2. 問 A 在不斷調整思路，以適應 B 的無根據的推理時，感覺怎麼樣？

3. 如果我們堅持可預見性，我們會得到許多新想法嗎？

4. 放棄可預見性，我們怎樣做才能做得更好呢？

5. 問 A：什麼技巧能幫助你放棄你的預見，並任其順暢地發展呢？你發現什麼時候最不容易靈活處理？為什麼會這樣？

6. 問 B：當 A 把你的話組織成一個有意義的情節時，你有什麼感覺？

7. 要點：如果在工作中我們的同事在放棄我們提出的想法之前，能夠像這個遊戲中的 A 那樣努力順著我們的想法採取相應的措施，結果會怎麼樣？

◎遊戲總結：

1. 創造力較強的人的思維具有相當的靈活性。他們樂於考察和琢

磨瘋狂的想法，那怕最稍縱即逝的念頭。

2. 但是，如果一個想法看起來沒有意義，他們會立即放棄它。同時，他們相信還會有更多的想法。

3. 他們的秘密就是：樂於接受各種可能性，來適應週圍不斷變化的環境。

4. 一個人在不斷地調節自己以適應他人的無根據的推斷時，其感受是不一樣的。有些人說他們喜歡這樣，而另外一些人會說這樣很煩。

5. 當遊戲結束時，帶頭鼓掌。

6. 對 A：由於他公正大度的品質，理所當然應得到激動的握手。

7. 對 B：應該說「多好的表演呀！來吧，大家再給些掌聲！」

8. 這會導致哄堂大笑，具極可能會有無惡意的口哨聲和吹呼聲。

9. 如果 B 向大家鞠躬，並且像一名凱旋回國的將士一樣和大家揮手，大家更應配合。

---

〈附件〉：

## 觀眾調查表

1. B 選擇的那句話最容易接著往下說？

2. 那一句最難？你們為什麼這麼覺得？

3. 隨著遊戲的進行，A 看起來是不是越來越適應這個任務了？

4. 根據你的觀點，A 的那一次回答最為成功(有趣味、有創新性、有幽默感等)？為什麼？

## 培訓師上課常用到的小故事

## 決策與執行

一群老鼠吃盡了貓的苦頭，它們召開全體大會，號召大家貢獻智慧，商量對付貓的萬全之策，爭取一勞永逸地解決事關大家生死存亡的大問題。

眾老鼠們冥思苦想。有的提議培養貓吃魚吃雞的新習慣，有的建議加緊研製毒貓藥。最後，還是一個老奸巨滑的老老鼠出的主意讓大家佩服得五體投地，連呼高明。那就是給貓的脖子上掛上個鈴鐺，只要貓一動，就有響聲，大家就可事先得到警報，躲將起來。

這一決議終於被投票通過，但決策的執行者卻始終產生不出來。高薪獎勵，頒發榮譽證書等等辦法一個又一個地提出來，但無論什麼高招，好象都無法將這一決策執行下去，至今，老鼠們還在自己的各種媒體上爭辯不休，也經常舉行會議。

再好的決策，如果不能夠去執行，那對於決策來說都是沒有意義的。決策與想法不在於多麼英明，而在於能否實行。管理者不僅是個決策者，還是一個不折不扣的執行者。

# 74 學員的拍賣清單

◎ **遊戲目的**：1. 體會應對變化時的恐懼心理。

2. 活躍課堂氣氛。

◎ **遊戲時間**：30～40 分鐘

◎ **參與人數**：集體參與

◎ **遊戲道具**：假設的紙幣、拍賣單、拍賣物的所有權證明、小槌、鉛筆或鋼筆

◎ **遊戲場地**：大型場地，室內

◎ **遊戲步驟**：

1. 發給每位學員一張物品拍賣單(附後)和 1000 元的道具「錢」。

2. 請學員大致流覽一下列在拍賣單上的物品，並把他們最想擁有的物品圈上。

3. 然後，讓學員安排一下他們的預算，看看自己打算花多少錢「擁有」這些物品。

4. 提醒他們，他們只有 1000 元，物品拍賣時每次加價 100 元。

5. 他們可以把他們的錢分到幾件物品上，也可以全花在一件物品上——這由他們自己決定。

6. 每件物品都列出了能給所有者帶來的利益以及負面影響。

7. 當學員選完他們想要的物品之後，培訓師稱自己為拍賣人，並向大家介紹一下物品拍賣的規則：

⑴底價從 100 元起。

⑵學員每次只能加價 100 元。

⑶為了保證公平，學員必須舉手出價。口頭出價在任何情況下都不被承認。

⑷拍賣人指出出價最高的出價人並詢問是否有人願意出更高的價格前，應確認剛才出價人所出的價格。

8. 敲響「拍賣槌」，開始這場拍賣會。

9. 依次介紹每件拍賣品，而且要詳細介紹它的優點及缺點。

10. 從底價 100 元起開始拍賣，繼續拍賣活動，直到得出最高的價位。

11. 給那個出價最高的人找錢，並交給他「《物品所有權證書》」。

12. 當所有物品都賣出去以後，結束拍賣。

◎遊戲討論：

1. 在拍賣過程中，你有什麼感覺？從其他人身上，你觀察到了什麼？

2. 那件物品是你非常想得到而最終卻沒有得到的？為什麼？

3. 有什麼物品是你不敢競買的嗎？為什麼？

4. 我們對不敢買但卻十分想要的事物的恐懼是怎樣影響我們應對變化和風險的？我們自己是怎樣成為自己成功之路上的障礙的？

5. 看看你手中擁有的事物。想像一下在現實生活中，獲得這些東西你會冒什麼風險？如果它們確實值得，你會怎樣去爭取？

◎遊戲總結：

1. 能夠快速應對變化的人甘願冒風險，很快做出決斷。

2. 這個遊戲幫助學員練習這些技巧，並瞭解、認識恐懼——包括對成功的恐懼！

3. 這個遊戲還向我們展示，即使是做一些積極的或必要的變動時，大多數人也會感到恐慌。

4.它也向我們表明，我們的價值標準是如何影響我們決定的，以及當我們陷入困境時，價值觀念是如何影響我們承擔風險意願的。

5.在這個遊戲中，你只是冒一種風險，花費作為道具用的「錢」得到你想要的東西。

6.而在現實生活中，當你面對變化，甚至是積極的變化時，你將可能不太適應。例如失去地位，恐懼感就會油然而生了。

7.這個遊戲的另外一種形式就是在遊戲的開展過程中改變規則。例如你可以根據任意的理由，在遊戲中，給一兩個學員比其他人更多的「錢」。

8.這就正如在現實生活中，我們所有的人並不在同一起跑線上競爭，有人富有人窮。但這也不是最重要的，最重要的是我們有一顆積極的心，有一個智慧的頭腦，成功就不會離我們很遠了。

9.你也可以突然宣佈兩三件物品將不再參加拍賣，因為它們被生產商宣佈終止拍賣了。

10.那麼有此計劃的學員現在不得不很快進行調整，這就模擬了現實生活中不可預料的變化是如何影響我們個人目標的選擇。

〈附件〉：

## 拍賣清單

1.靠近辦公室的停車位。

再也不會遲到了，再也不會有那種使你頭痛的不愉快的經歷了，從你的停車位走到你辦公室門口——幾乎所有的人都知道你是誰了！你的一些同事有點兒妒忌了吧？如果他們也想有這樣的停車位，那他們就應該再加把勁兒工作。

2.可以選擇到自己喜歡的城市工作。

紐約、巴黎、香港、鱷魚島……現在由你選擇你曾夢想的城市！做好離家、離開朋友的準備(以後，你還是會經常見到他們的)。從現在開始，準備經歷許多人只能想想的事吧。勇敢地開拓新世界，探索別人沒涉足過的區域！力量永遠伴隨著你……

3. 擁有一間帶按摩浴缸的浴室。

太好了，但大多數經理卻很少有時間使用這些設施──你知道自己也一樣。(然而，即使很少用，你至少可以炫耀，你有一間這樣的浴室，那會使你得到大家更多的喜愛！)

4. 一份美味的午餐，每天按照你點的飯菜，送到你面前。

非常好的自助伙食！我們有些人只講究吃。毋庸置疑，這頓午餐將大大提高你工作時的生活品質(你只需要採取一些適當的方法，減掉伴隨它增加的體重)。

5. 擁有一間自己的辦公室，四面牆，有窗子和一扇帶鎖的門。

啊，保留隱私！不在一般的工作區工作，遠離那裏的嘮叨和流言蜚語，真是太棒了。即使他們有時會談起你，談到你換了位置，但誰還關心這個呢？你照樣可以通過單位的主管知道，任何惡意的背後中傷都是靠不住的。

6. 通信方便。

在家裏工作完全是一種享受。你想幾點起床，就可以幾點起床，伸伸懶腰；隨時可以走到你儲存豐富的冰箱前，找些吃的，喝的；你可以從自己私人珍藏的 CD 中選擇喜歡的音樂來播放。當然肯定不會有注意力不集中的危險──當手頭的工作需要你集中精神時，你可以關掉音響。

7. 成為公司部門的重要人物。

你非常善於給客戶留下深刻印象,並習慣於每天工作 16 個小時後再睡覺,有時只在中午打個盹兒。事實上,你一點兒也沒有得到經營管理的任何好處。(毋庸置疑,你的婚姻一定要穩固,這樣你的配偶才可能不對公司提供給你的其他機會提出質疑。)

8. 慷慨的著裝補貼。

沒有什麼比你看起來像擁有百萬美元感覺更好的了——除非大家知道,你是用別人的錢買的衣服!當你的老闆和同事比以前更帶批判性地審視你的外表時——你知道自己很有鑑賞力,代表著新的時尚潮流。

9. 公司的專車,配有司機,負責接送你上下班。

把交通的煩惱留給他人!而把寶貴的精力,以及往返時間花在公司的業務上(這當然也是你的老闆給你配班車時所希望的)。

10. 靈活的上班時間。

謝天謝地!再也不用在每天的高峰期上下班了,而這常常使人發火。因為你可能要早上 4 點起床,晚上 8 點下班。想想一年節省的上下班往返時間吧。

11. 一個非常樂於教你的更好的老闆。

這一點可能有不好的方面嗎?我不知道,反正,我一個也想不出來……

12. 客戶和同事都非常高興能與你住在同一個街區。

這一點可能有不好的方面嗎?我不知道,反正,我一個也想不出來……

13. 擁有你們公司裏速度最快、界面最好的電腦。

萬歲!你終於可以做一些事情了!這會極大地提高你的生活

品質。因此，當你的同事請你在離開的時候，允許他用一下你的電腦時，你應能夠慷慨地答應他。

### 14.每年兩個月的帶薪假期。

一般的假期是很短的。通常只有兩週的假期，常常會用在陪親友上。使人有點兒心煩的例行公務的遊覽，現在再也不存在了。這是脫離平時工作的激烈競爭的真正意義上的休假。充分享受這個假期吧，不要擔心一些小事，如當你休完假，返回辦公室，你的桌上會有像珠穆朗瑪峰一樣高的沒有處理的文件等著你；或者更糟的是，你發現，你不在時，大家過得更好。

### 15.公司的日托托兒所。

你可以在休息時間去看看孩子如果孩子患病、碰破了皮兒或者出了其他什麼事，你會立即被通知到。這解脫了你心頭多大的一個負擔啊！你的孩子將開始從托兒所的員工那兒學到熱愛和關愛，而不是從你這兒。

### 16.需要的技能培訓。

你現在的職務需要技能不斷更新。另外，你並不確定自己什麼時候會考慮換工作。事實上，不斷參加培訓看上去好像是獲得更好就業機會的最好途徑。而另一方面，到現在為止，勉強挨過那些令人心煩的學習班和剪指甲的感覺一樣，確實很難令人忍受。你確定這確實值得嗎？

### 17.一流的健康利益。

永遠不用再填一份表格！在你去看醫學博士、牙醫、按摩師或者推拿治療專家時，只需要帶著你的健康卡，而且只需要支付 20% 的費用。（還有，你將永遠享受這項服務——除非你愚蠢到自己主動放棄這些利益！）

## 培訓師上課常用到的小故事

# 不只是表面合作

有三隻老鼠結伴去偷油喝，可是油缸非常深，油在缸底，它們只能聞到油的香味，根本喝不到油，它們很焦急，最後終於想出了一個很棒的辦法，就是一隻咬著另一隻的尾巴，吊下缸底去喝油，他們取得一致的共識：大家輪流喝油，有福同享誰也不能獨自享用。

第一隻老鼠最先吊下去喝油，它在缸底想：「油只有這麼一點點，大家輪流喝多不過癮，今天算我運氣好，不如自己喝個痛快。」

加在中間的第二個老鼠也在想：「下面的油沒多少，萬一讓第一隻老鼠把油喝光了，我豈不是要喝西北風嗎？我幹嗎這麼辛苦的吊在中間讓第一隻老鼠獨自享受呢？我看還是把它放了，乾脆自己跳下去喝個痛快！

第三隻老鼠則在上面想：「油是那麼少，等它們兩個吃飽喝足，那裏還有我的份，倒不如趁這個時候把它們放了，自己跳到缸底喝個飽。」

於是第二隻老鼠狠心的放了第一隻老鼠的尾巴，第三隻老鼠也迅速放了第二隻老鼠的尾巴。它們爭先恐後的跳到缸底，渾身濕透，一副狼狽不堪的樣子，加上腳滑缸深，它們再也逃不出油缸。

三隻老鼠表面上是在一起合作了，可它們彼此各懷心事，這樣的合作寧願沒有的好。單打獨鬥只考慮自己的利益很難成功，真正的強者講究雙贏追求團隊合作。

# *75* 婚宴佳客

◎遊戲目的：1. 體會在應對變化時，為不同的情感階段所做的
準備工作。

2. 活躍氣氛。

◎遊戲時間：20 分鐘

◎參與人數：集體參與

◎遊戲道具：題板或幻燈片、宴會請柬(附後)、空白卡、鉛筆
或鋼筆

◎遊戲場地：大型室內場地

◎遊戲步驟：

1. 把「宴會請柬」發給大家，確保每個角色至少有一個人扮演。

2. 給大家一點兒時間，看看他們自己的角色描述卡，體會一下即
將扮演的角色的心理。

3. 強烈推薦以下做法：

⑴發給每個學員一張索引卡片。

⑵請他們寫下自己的名字。

⑶還要寫上可能送給「新娘」和「新郎」的最古怪或是最俗氣的
禮物。

⑷告訴他們，如果他們的禮物確實曾送給一對真實的夫婦，那他
們將得到一些獎勵分數！

⑸他們可以選擇在「婚宴」的任何時候把禮物交給培訓者，由他
來扮演新娘或新郎。

4. 告訴大家，婚禮的儀式剛剛結束，宴會開始。

5. 所有人都可以隨便走動，「喝點兒香檳吃點兒點心」，互相聊天。

6. 當他們一起聊天時，他們必須按「請柬」的要求表達情感。(告訴大家，誇張一些，如果表達得很好，會得到獎勵分數！)

7. 他們必須不斷交談，直到雙方都明白了對方的感情。

8. 一旦他們都認為瞭解了對方的感情，可以說，如「你一定在生氣，不承認這件事，感到沮喪」，然後走到其他人那兒去。

9. 7～10 分鐘後，終止「宴會」。感謝所有參加的「客人」，並請他們坐到座位上去。

10. 請代表每個階段的扮演者站到前面。

11. 通過大家幫助和指導，按照他們認為正確的先後順序排好。

12. 當學員排好後，請他們描述一下各自的階段。(如果有必要的話，他們可以使用他們的請柬。)

13. 感謝他們，請他們坐回到座位上去。

◎遊戲討論：

1. 在現實生活中，人們是如何表達這些感情階段的？

2. 他們有什麼行為暗示？

3. 人們為什麼是按照這個順序度過這些階段的？

4. 例如，為什麼首先是「否認」階段？為什麼「沮喪」階段在「討價還價」階段的後面？

5. 你能給處在「生氣」或「沮喪」階段的人提什麼建議？

6. 人們相互之間應該怎麼做才能達到最後一個階段「希望」？

◎遊戲總結：

1.「沮喪」階段在「討價還價」階段的後面是因為人們意識到他

們對情況缺乏控制，所以感到很沮喪。

2. 善於應對變化的人會為不同的階段做好準備。

3. 在一份關於悲傷和死亡很有影響的研究中，提出了按時間先後順序出現的 6 個可識別的感情階段。它們是：否認、生氣、討價還價、沮喪、接受和希望。

4. 這些階段似乎更清楚地表明：

⑴何時變化有時是外部施予的。

⑵作為變化的結果，一些有價值的東西就會失去，或被放棄。

---

〈附件〉：

### 婚禮請柬 A

敬請參加陳虹和林文豪的婚禮(給新娘或新郎最要好的朋友)

你是新娘或新郎最要好的朋友，而你非常不喜歡你朋友的新配偶。

你的角色：否認。在這個階段，典型行為是，好像沒什麼不對，情況和變化並沒有影響我們。本質上來說，我們正在逃避應付變化的情況。典型的語言有：「他現在結婚了又怎麼樣？我們還不是像以前一樣，每週末去酒吧喝酒。」「我的朋友結婚只是為了得到更好的健康保險。因此，他並沒有真的愛上她。」「我還能再吃 4 塊兒蛋糕——在婚禮上多吃點兒東西，含的熱量多一點兒，算不了什麼。」「並不能因為我在啜泣，就說我心煩意亂。我沒事兒。真的，我為他們感到高興。胡扯。」

---

## 婚禮請柬 B

敬請參加陳虹和林文豪的婚禮(給新人過去的戀人)你是新娘或新郎過去的戀人。你的角色生氣。在這個階段,我們最終承認情況已經改變,但我們感到無助和懊惱。我們相信我們正在失去對我們來說很重要的東西,並認識到我們無力改變它。典型的語言有:「我真不敢相信這兩個傢伙居然結婚了。」「去參加葬禮也比來參加這個宴會要好得多。」「這個婚姻一定不會有什麼好結果。」「那兩個人沒有一點兒共同語言。我敢打賭,這段婚姻只能維持一個月。」

## 婚禮請柬 C

敬請參加陳虹和林文豪的婚禮(給新娘的長輩)

你是新娘行事謹慎的長輩。你知道她本可以做得比這次失敗的婚姻更好。

你的角色討價還價。在這個階段,感到內疚和困惑。我們想要重新獲得控制的感覺,因此我們討價還價,或者做「交易」來阻止情形失控。這些交易可以是和我們自己或者他人進行的。典型的語言有:「那好,我會讓他們維持這段婚姻直到蜜月之後,然後我們看吧。」「我在等待時機,等到她能自己醒悟過來,而同時我還看到,她的表兄潘愧對她仍舊很迷戀。如果上帝允許我脫離這個困境,我將永遠再也不要求什麼了。」

## 婚禮請柬 D

敬請參加陳虹和林文豪的婚禮（給新郎的堂妹）

你是新郎仍舊獨身的堂妹，你本來希望你們能夠結合。

你的角色：沮喪。在這個階段，我們已經逐步認識到，改變的情形再也不可能逆轉了，我們感到很傷心。我們可能意識到了，也可能沒有意識到，這就是我們的感覺。我們的沮喪通過我們的行為清楚地表現出來。如睡得太多或太少，消沉，過量的飲食（角色扮演的暗示：過量飲酒）。典型的語言有：「不，我太累了，不想詛咒什麼。我還是坐在這兒，寫一曲死亡的挽歌吧。」「我好像弄壞了這雙昂貴新鞋的後跟兒，哼，誰在乎呢？」「這兒有地方可以讓我躺一會兒嗎？」「沒有希望了，我打算永遠也不結婚了。」

## 婚禮請柬 E

敬請參加陳虹和林文豪的婚禮（給新人過去的摯友）

你是新娘或新郎的摯友。

你的角色接受。在這個階段，我們逐漸被正在變化的情形所吸引。我們正在努力重新獲得力量，並尋求新的方法來滿足我們的需要。典型的語言有：「好哇，很明顯，我是這裏唯一的獨身人。哦，也許我可以和樂隊的那個人聊聊？」「我應該面對現實，他現在結婚了。」「也許這兒的什麼人能給我提供一份好工作。我的名片放那兒了？」

## 婚禮請柬 F

敬請參加陳虹和林文豪的婚禮（給新郎年幼的弟弟或妹妹）

你是新郎年幼的弟弟或妹妹。

你的角色希望。在這個階段，我們已經無可奈何地接受了新情況，並充滿樂觀。我們開始觀察，這種新狀況能如何為將來創造機會。其他人把我們看作是非正式的領導者，可以幫助他們把問題處理好。典型的語言有:「我很高興能又有一個姐姐！我們會成為好朋友的。」「只要一想到我現在可以擁有哥哥的房間了，我就興奮不已！」「哇，如果有人願意嫁給我哥哥這種人，那我是不會有什麼問題了。」

# 76 舉手的反應動作

◎遊戲目的：1. 訓練個人的集中注意力和反應能力。

2. 活躍氣氛。

◎遊戲時間：10 分鐘

◎參與人數：全體參與

◎遊戲道具：無

◎遊戲場地：不限

◎遊戲步驟：

1. 人數不拘，分兩組，排成兩排。面對面坐下，手牽著手。

2. 領袖叫出植物或動物的名稱（組員把手放開），叫到植物時，全

部的人要將雙手上舉，叫動物時則放下，如果連叫兩次植物或動物就保持上舉或放下的動作。例如：芹菜(上舉)，兔子(放下)，狐狸(放下)，菊花(上舉)……

3. 兩組領袖輪流叫名，動作錯誤的人就要被淘汰，經過幾次後剩下人數較多的那組獲勝。

◎遊戲討論：

1. 你覺得你反應夠靈敏嗎？

2. 如果你動作錯誤，大家哄堂大笑時，你的感受是怎樣的？

## **77** 有模有樣

◎遊戲目的：1. 使學員感受動作的回答方式。

2. 培養注意力的集中。

◎遊戲時間：10 分鐘

◎參與人數：兩人以上，每兩人一組進行淘汰賽

◎遊戲道具：無

◎遊戲場地：不限

◎遊戲步驟：

1. 先共同訂出一些標準動作。如一方說出「在棒球場」，另一方即以「揮棒」的動作代替口語回答。

2. 兩人面對面坐著，猜拳贏一方先問，另一方則要針對對方的問題用動作回答，錯的人就算輸了。

3. 例如，問：「在棒球場？」答：(做揮棒姿勢)問：「在教堂？」

答：(做禱告的姿勢)問：「在照相館？」答：(作搔首弄姿狀)……

　　4. 如此反覆，再加快速度，回答的人稍不留神，就會輸了。

　　5. 輸的一方淘汰，贏的人再繼續二人一組，一直到比出最後剩下的那一個就是最後的勝利者。

# *78* 雙方交換名字

◎**遊戲目的**：集中注意力、靈敏反應。

◎**遊戲時間**：10～20 分鐘

◎**參與人數**：全體參與

◎**遊戲道具**：無

◎**遊戲場地**：不限

◎**遊戲步驟**：

1. 以 10 人作為一組。

2. 每組圍成一個圓圈坐著。

3. 圍成圓圈的時候，自己隨即更換成右鄰者的名字。

4. 以猜拳的方式來決定順序，然後按順序來提出問題。

5. 當主持人問及：「謝昕先生，你今天早上幾點起床？」這時，真正的謝昕不可以回答，而必須由更換成謝昕名字的人來回答：「哦，今天早上我 7 點鐘起床！」……

6. 當自己該回答時卻不回答，不是自己該回答時卻回答的人就要被淘汰。

7. 每組最後剩下的一個人就是勝利者。

◎遊戲討論：

1. 人的潛意識是什麼？

2. 慣性如何改變以適應新的需求？

 # 79 音樂椅大合唱

◎**遊戲目的**：體驗團隊協作將為團隊挖掘更大的潛力。

◎**遊戲時間**：10 分鐘

◎**參與人數**：全體參與

◎**遊戲道具**：16K 紙、歌曲

◎**遊戲場地**：配有音響、鋪地毯的室內

◎**遊戲步驟**：

1. 4 隊成員分別站在圍成一圈的 16K 紙週圍。

2. 音樂響起來，成員圍著圈逆時針走動，成員跟著一起唱歌。

3. 音樂一停，講師將隨意抽掉一張或更多紙，學員儘快站在附近的紙上。

4. 每次音樂一停，學員需合作到所有人都站在紙上。

5. 學員全部站好音樂響起來，學員又繼續繞圈走動，一首歌曲結束遊戲結束。

◎**遊戲規則**：

1. 學員每次音樂停下來必須以最快的速度站在紙上，站好才能放音樂。

2. 學員的腳不能超出紙的範圍，學員站在紙上身體不能與地面有

接觸。

◎遊戲討論：

1. 遊戲過程中如何才能容納更多的人？

2. 良好的協作將會給團隊帶來的好處？

3. 如何才會有良好的團隊協作關係？

# *80* 新型模特兒

◎**遊戲目的**：1. 促進成員間的多人合作。

2. 感受個人在團隊合作中發揮的作用。

◎**遊戲時間**：30 分鐘

◎**參與人數**：全體參與

◎**遊戲道具**：報紙(大量)、剪刀(每隊一把)、透明膠(每隊一卷)

◎**遊戲場地**：不限

◎**遊戲步驟**：

1. 每組出 5 人，並進行工作分工。3 名設計師、1 名模特、1 名裁判。

2.「設計師們」在規定的時間內以報紙為「模特」設計並製作全套的服裝。

3.「裁判」對每個小組的完成情況做評判。以評分的高低和觀眾掌聲的熱烈程度作為決定勝負因素。

◎注意：

1. 時裝評判標準：新穎性、觀賞性、可行性、搞笑性。

2. 裁判必須公平、公正，各裁判打分要被公開。

# *81* 一起吹氣球

◎遊戲目的：活躍氣氛。

◎遊戲時間：30 分鐘

◎參與人數：全體參與，6 人一組

◎遊戲道具：主持人準備每組各 6 張籤，上寫：嘴巴；手(2
張)；屁股；腳(2 張)；氣球(每組 1 個)

◎遊戲場地：不限

◎遊戲步驟：

1. 分組。不限幾組，但每組必須要有 6 人。

2. 主持人請每組每人抽籤。

3. 首先，抽到「嘴巴」的必須借著抽到手的兩人幫助來把氣球給
吹起(抽到「嘴巴」的人不能用手自己吹起氣球)；然後兩個抽到「腳」
的人抬起抽到「屁股」的人去把氣球給坐破。

# *82* 氣球何時會爆炸

◎遊戲目的：活躍氣氛。

◎遊戲時間：15 分鐘

◎參與人數：全體參與，每組 5～10 人

◎遊戲道具：氣球若干，椅子數把(視競賽小組數量定)

◎遊戲場地：不限

◎遊戲步驟：

1. 小組成員一人坐在椅子上負責把氣球坐爆。

2. 小組其他成員把氣球吹大放到椅子上，由坐在椅子上的隊友把氣球坐爆。

3. 幾個小組競賽，弄爆氣球數量多的隊伍獲勝。

# *83* 英雄怎麼救美人

◎遊戲目的：活躍氣氛。

◎遊戲時間：20 分鐘

◎參與人數：全體參與

◎遊戲道具：環形鎖、椅子

◎遊戲場地：不限

◎遊戲步驟：

1. 每隊有 5 名女隊員排成一列，每人間隔約 2 米，每人前有兩把椅子，用一根環形鎖鎖住。（鑰匙要差不多樣子。）

2. 然後每隊選 1 名男隊員，在他面前有六、七把鑰匙，他一次只能拿一把鑰匙，去打開鎖救出美人，必須按前後順序進行。

3. 打不開鎖就必須回來換。看那隊先救出所有人。

# 84 七拼八湊的物品

◎**遊戲目的**：活躍氣氛。

◎**遊戲時間**：10 分鐘

◎**參與人數**：全體參與

◎**遊戲道具**：託盤，背景 disco 音樂、獎品一份，比如精美的糖果(可以分的)

◎**遊戲場地**：晚會現場

◎**遊戲步驟**：

1. 主持人要求大家分組坐好(一定要有男有女)，每組先選出一名接收者，手持託盤站在舞臺上。其他小組人員按照主持人的要求提供物品放到託盤中。最先集齊物品的小組獲勝。

2. 背景音樂起，主持人開始宣讀物品，每一個相隔一定時間給隊員準備，慢慢加快。採集物品來自日常的用品，例如：眼鏡、手錶、皮帶、襪子、口紅、錢等，一定要有比較難的放在最後，如藥片、糖果、一毛錢等。

3. 聰明的主持人還可以臨時選擇一些東西,最刁的主持選擇最後是一根白頭發,結果老總的腦袋遭了殃⋯⋯

# *85* 椅上站幾個人

◎**遊戲目的**：活躍氣氛。
◎**遊戲時間**：10 分鐘
◎**參與人數**：全體參與
◎**遊戲道具**：椅子(在一張椅子上站最多人的遊戲)
◎**遊戲場地**：晚會現場
◎**遊戲步驟**：

1. 各組互相商量要如何才能站上最多的人。
2. 依照號令比賽,那一張椅子上站最多的人。
3. 可以規定一個時限。

# *86* 擁擠公車

◎**遊戲目的**：活躍氣氛。
◎**遊戲時間**：15 分鐘
◎**參與人數**：全體分組參與
◎**遊戲道具**：膠帶、報紙(用膠帶把 3 張報紙連成圓紙筒)

◎遊戲場地：不限

◎遊戲步驟：

1. 全員分成陣列。

2. 根據號令小組成員跑進紙筒內(人數不限)。

3. 跑到目標再折回，把紙筒交給下一組。

4. 如果報紙破裂，紙筒內的人要當場用膠帶修理好。

5. 全員最快完成的一組獲勝。

# *87* 青蛙向前跳

◎遊戲目的：活躍氣氛。

◎遊戲時間：15 分鐘

◎參與人數：全體參與

◎遊戲道具：紙箱、繩子、書夾

◎遊戲場地：不限

◎遊戲步驟：

1. 全員分成數隊，各派兩人組成一組。

2. 依照號令，一人坐在紙箱裏，另一人拿著用書夾固定在紙箱裏的繩子(長 3 米)一端。

3. 拿著繩子的人，要趁著紙箱裏的人跳高時往前拉，如此繼續前進。

4. 繞回目標後換人進行接力賽。

# *88* 瞎子穿拖鞋的遊戲

◎**遊戲目的**：活躍氣氛。

◎**遊戲時間**：10 分鐘

◎**參與人數**：全體參與

◎**遊戲道具**：眼罩、拖鞋

◎**遊戲場地**：不限

◎**遊戲步驟**：

1. 各隊輪流派出 1 人。

2. 把拖鞋放在起點前方 5 步的地方。

3. 回到起點蒙眼旋轉 3 次以後出發。

4. 能夠準確前進 5 步，第 6 步穿到拖鞋人數多的一組獲勝。

5. 進行中對方可以用錯誤的指示來擾亂。

# *89* 擲骰子的跳遠活動

◎**遊戲目的**：活躍氣氛。

◎**遊戲時間**：15 分鐘

◎**參與人數**：全體分組參與

◎**遊戲道具**：用紙盒做一個有 0、1、2、3、-1、-2 六面的骰子

◎遊戲場地：不限

◎遊戲步驟：

1. 各隊派出一人擲骰子，按照骰子的點數來跳遠。

2. 下一位要以前一位所站的位置為起點。

3. 進行到最後一位時，前進(或者後退)的位置最遠的一組獲勝。

# *90* 牆壁在那裏

◎遊戲目的：活躍氣氛。

◎遊戲時間：15 分鐘

◎參與人數：全體參與

◎遊戲道具：把幾張鑽有拳頭大小的洞的報紙用膠帶貼成一大
張，吊掛在房間中央

◎遊戲場地：不限

◎遊戲步驟：

1. 分組。

2. 離報紙適當的距離畫一條線，各小隊站在線上投乒乓球。

3. 在限定時間內，把乒乓球投入對方陣地最多的一組獲勝。

# *91* 懲罰方式

◎**遊戲目的：**活躍氣氛。

◎**遊戲時間：**2 分鐘

◎**參與人數：**全體參與，針對個人

◎**遊戲道具：**盒子、麵粉、乒乓球、書本、氣球等日常用品

◎**遊戲場地：**室內/戶外

◎**遊戲步驟：**

**擲骰子：**

準備一個正方體的盒子，在它的 6 面上寫上「各處罰條例」，如：高歌一曲，學猴子走路、交換蹲跳、吻主持人、跑等。請輸的人自己擲骰子，並依「條例」受罰。

**我愛你：**

面對大樹或牆壁，大聲地喊 3 聲：「我愛你！」

**天旋地轉：**

輸的人就地閉眼睛，左轉三圈，右轉三圈，再睜開眼睛，走回自己的座位。

**模仿秀：**

輸的人模仿一位自己熟悉的明星、歌星或動物的動作、歌聲或說話方式。

**灰頭土臉：**

準備一盤麵粉及乒乓球，讓輸的人用力將麵粉盤上的球吹走。

**我是淑女：**

贏的人將 3～5 本書放至輸的人的頭頂,並請他學模特走臺步旋轉一圈後走回來。如果書掉了,就得重來。

**神射手:**

在輸的人身上掛數個氣球,讓贏的人離他 3 米遠,用牙籤射向氣球,至氣球全部破掉為止。

**哭笑不得:**

輸的人先大笑 5 秒之後,忽然又大哭 5 秒鐘,反覆 2～3 次。

**屁股寫字:**輸的人要用屁股寫出贏的人的名字,要大家都能接受才可以停止。

**犯人:**

輸的人要接受所有人的質問,不可以不回答問題,要據實以告,直到大家滿意了為止。

# *92* 用嘴切麵粉

◎**遊戲目的:**活躍氣氛。

◎**遊戲時間:**視人數而定

◎**參與人數:**3 人以上,集體進行

◎**遊戲道具:**潔淨白麵粉 1～2 兩、間尺一把、畫紙一張、糖果十粒

◎**遊戲場地:**室內

1. 將麵粉堆在畫紙上,在麵粉頂端放一粒糖。

2. 將間尺當成刀,每人輪流在麵粉堆上切一刀,將切去的麵粉撥

在一旁。

3. 如此一直切下去,切到糖果跌下來,最後的人便要用口把糖果給吃了(只能彎身用口咬食,不能用手幫助)。

# *93* 要吹麵粉

◎遊戲目的：活躍氣氛。

◎遊戲時間：2 分鐘

◎參與人數：集體參與,針對倆人

◎遊戲道具：麵粉適量,乒乓球 1 個,勺子 1 個

◎遊戲場地：室內

◎遊戲步驟：

1. 先找出兩個被玩者(如之前遊戲的輸者或贏家,告訴他們贏了這個遊戲便不用受罰而且有獎),面對面站在一張桌子兩邊。

2. 把乒乓球放在勺子上,放在兩人中間,要他們蒙著眼向乒乓球吹,若能把球吹到對面便為贏。

3. 待他們蒙好眼後,便迅速把乒乓球換成麵粉,一二三,吹……

# *94* 空白紙面具

◎ **遊戲目的**：活躍氣氛。

◎ **遊戲時間**：20 分鐘

◎ **參與人數**：每組 5 人，分組進行

◎ **遊戲道具**：空白紙面具(其實是一張適當大小的硬紙)，橡皮筋數條，粗筆數支，布一條(眼用)

◎ **遊戲場地**：室內/戶外

◎ **遊戲步驟**：

1. 分成若干組，每組 5 人左右(每組人數不宜太多，否則容易令人悶)，拌成直行。

2. 其中一人戴上面具，另一人要負責做描述者。

3. 由主持人發指示，如要他們首先在面具上畫上左眼，那麼每組的第一個人便要蒙上眼，由描述者指示他們在面具上畫上左眼。

4. 待大家都完成後再由主持人發下一個指示(如畫上右眼)，以此類推。

5. 待一幅幅面具都畫好的時候，那個面具最漂亮便勝出。

# 95 活動投籃

◎**遊戲目的**：活躍氣氛。

◎**遊戲時間**：依人數而定

◎**參與人數**：每輪 5 人，分輪比賽

◎**遊戲道具**：籃筐一個、皮球若干

◎**遊戲場地**：室內/室外

◎**遊戲步驟**：

1. 每輪選 5 個人進行比賽。

2. 由一個人手持籃筐，扮演活動的籃筐。扮演籃筐的人蒙住眼睛，距參賽選手 3 米。當比賽開始時，扮演籃筐的人手持籃筐可以進行上下左右移動，但每次移動的時候，必須持續 3 秒鐘的時間。

3. 參賽選手需要站在起始線上，根據籃筐的運動規律，準確地進行投球，每輪只能投 5 個球。

4. 以進球數多者為勝。

**心得欄** _____

----------------------------------------

----------------------------------------

----------------------------------------

----------------------------------------

----------------------------------------

# *96* 三人的角力活動

◎**遊戲目的**：活躍氣氛。

◎**遊戲時間**：5 分鐘

◎**參與人數**：每次 3 人，比賽

◎**遊戲道具**：紅綢布 1 條(6 米)和礦泉水 3 支

◎**遊戲場地**：室內/戶外

◎**遊戲步驟**：

1. 每次 3 個人參加比賽。

2. 3 人站在由紅綢布組成的一個等邊三角形的裏面，將紅綢布放在腰間。

3. 3 人開始後，朝相對的方向去取放在自己面前的瓶子，通過角力看誰能夠取到。

# *97* 是否熊來了

◎**遊戲目的**：活躍氣氛。

◎**遊戲時間**：5 分鐘

◎**參與人數**：參加者約 8～15 人，分成若干組

◎**遊戲道具**：無

◎**遊戲場地**：室內/戶外

◎遊戲步驟:

1. 各組第一個人喊「熊來了」。

2. 然後第二個人問:「是嗎?」

3. 第一個人再對第二個人說「熊來了」,此時 2 號再告訴 3 號「熊來了」。

4. 3 號再反問 2 號:「是嗎?」而 2 號也反問 1 號:「是嗎?」

5. 前者再叫「熊來了」,2、3、4 號傳下去。

6. 如此每個人最初聽到「熊來了」時要反問「是嗎」,然後再回向前頭,第二次聽到「熊來了」時才傳給別人,而前頭的人不斷地說「熊來了」。

7. 每組最後的人聽到第 2 次的「熊來了」時,全組隊員齊聲說:「不得了了!快逃!」然後全組人一起歡呼。

8. 最先歡呼的那一組便得勝。

# 98 學員搓紙條

◎遊戲目的:活躍氣氛。

◎遊戲時間:15 分鐘

◎參與人數:分組進行,單個比賽

◎遊戲道具:紙條

◎遊戲場地:室內/戶外

◎遊戲步驟:

1. 準備一個 2～3 釐米寬,50 釐米長的紙條。

2. 用你的食指和中指夾住紙條的頂部。

3. 你的任務就是利用食指和中指的相互移動使紙條上升,直到食指和中指夾住紙條的底部。

4. 可以進行幾個人的比賽,注意不可以用其他身體部份進行輔助,只能用你的食指和中指。

5. 這是一個訓練你的手指靈活度的一個小遊戲。

# 99 報紙也可以拔河

◎遊戲目的:活躍氣氛。

◎遊戲時間:5 分鐘

◎參與人數:兩人一組

◎遊戲道具:舊報紙

◎遊戲場地:室內/戶外

◎遊戲步驟:

1. 在報紙上挖兩個人頭大小的洞。

2. 兩人對坐,各自把報紙套上進行拔河(站著拔亦可)。

3. 報紙破裂離開脖子的一方輸。

4. 注意:不可以用手去拉。

# *100* 我是時鐘

◎遊戲目的：活躍氣氛
◎遊戲時間：10 分鐘
◎參與人數：3 人一組，比賽
◎遊戲道具：白板(或牆壁)、棍子
◎遊戲場地：室內/戶外
◎遊戲步驟：

1. 在白板或牆壁上畫一個大的時鐘模型，分別將時鐘的刻度標識出來。

2. 找 3 個人分別扮演時鐘的秒針、分針和時針，手上拿著 3 種長度不一的棍子或其他道具(代表時鐘的指標)在時鐘前面站成一縱列(注意是背向白板或牆壁，扮演者看不到時鐘模型)。

3. 主持人任意說出一個時刻，比如現在是 3 時 45 分 15 秒，要 3 個分別扮演的人迅速地將代表指標的道具指向正確的位置，指示錯誤或指示慢的人受罰。

4. 可重覆玩多次，亦可由一人同時扮演時鐘的分針和時針，訓練表演者的判斷力和反應能力。

5. 該遊戲非常適合在晚會上或培訓課程的休息時間進行，可以活躍氣氛。

6. 亦可在《時間管理》課程上引用這個遊戲，同時可以訓練人的反應能力。

# *101* 五官大搬家

◎遊戲目的：活躍氣氛。

◎遊戲時間：5 分鐘

◎參與人數：兩人面對面進行

◎遊戲道具：無

◎遊戲場地：室內/戶外

◎遊戲步驟：

1. 兩人面對面。

2. 先隨機由一人先開始，指著自己的五官任何一處，問對方：「這是那裏？」

3. 對方必須在很短的時間內來回答提問方的問題，例如對方指著自己的鼻子問這是那裏的話，同伴就必須說「這是鼻子」，同時手必須指著自己鼻子以外的任何其他五官。

4. 如果過程中有任意一方出錯，就要受罰；3 個問題之後，雙方互換。

# *102* 獵人也狗熊

◎**遊戲目的**：活躍氣氛。

◎**遊戲時間**：2 分鐘

◎**參與人數**：兩人之間進行

◎**遊戲道具**：無

◎**遊戲場地**：室內/戶外

◎**遊戲步驟**：

1. 令詞為「獵人、狗熊、槍」，兩人同時說令詞，在說最後一個字的同時做出一個動作。

2. 獵人的動作是雙手叉腰；狗熊的動作是雙手搭在胸前；槍的動作是雙手舉起呈手槍狀。

3. 雙方以此動作判定輸贏，獵人贏槍、槍贏狗熊、狗熊贏獵人，動作相同則重新開始。

4. 說明：這個遊戲的樂趣在於雙方的動作大，非常滑稽。缺點是只是兩個人的遊戲。

# *103* 官兵要捉賊

◎遊戲目的：活躍氣氛。

◎遊戲時間：5 分鐘

◎參與人數：4 個人一組

◎遊戲道具：分別寫著「官、兵、捉、賊」字樣的 4 張小紙

◎遊戲場地：室內/戶外

◎遊戲步驟：

1. 將 4 張紙折疊起來，參加遊戲的 4 個人分別抽出一張。

2. 抽到「捉」字的人要根據其他 3 個人的面部表情或其他細節來猜出誰拿的是「賊」字。

3. 猜錯的要罰。由猜到「官」字的人決定如何懲罰，由抽到「兵」字的人執行。

4. 注意：興奮點，簡單易行，不受時間、地點、場合的限制。缺點，人數不宜過多。

# *104* 我要拍七下

◎遊戲目的：活躍氣氛

◎遊戲時間：5 分鐘

◎參與人數：人數不限

◎遊戲道具：無

◎遊戲場地：室內/戶外

◎遊戲步驟：

1. 多人參加，從 1～99 報數，但有人數到含有「7」的數字或「7」的倍數時，不許報數，要拍下一個人的後腦勺，下一個人繼續報數。

2. 如果有人報錯數或拍錯人則受罰。

3. 說明：沒有人會不出錯，雖然是很簡單的簡術。

# 105 瞎子與瘸子的合作

◎遊戲目的：溝通配合，活躍氣氛。

◎遊戲時間：15 分鐘

◎參與人數：3 男 3 女搭配

◎遊戲道具：椅子、氣球、鮮花等

◎遊戲場地：室內/戶外

◎遊戲步驟：

1. 當場選 6 人，3 男 3 女。

2. 男生背女生，男生當「瞎子」，用紗巾蒙住眼睛，女生扮「瘸子」，為「瞎子」指引路，繞過路障，達到終點，最早到達者為贏。

3. 其中路障設置可擺放椅子，須繞行；氣球，須踩破；鮮花，須拾起，遞給女生。

# 106 我們踩氣球

◎**遊戲目的**：活躍氣氛，增進協調和協作。

◎**遊戲時間**：10 分鐘

◎**參與人數**：男女各 5 人搭配

◎**遊戲道具**：氣球

◎**遊戲場地**：室內/戶外

◎**遊戲步驟**：

1. 當場選出 10 人，男女各半。

2. 一男一女搭配，左右腳捆綁 3～4 個氣球。

3. 在活動開始後，互相踩對方的氣球，並保持自己的氣球不破或破得最少，則勝出。

# 107 塑膠桶裝水接力

◎**遊戲目的**：提高相互熟悉度，活躍氣氛。

◎**遊戲時間**：20 分鐘

◎**參與人數**：每隊男女各 6 人共計 12 人，分三個小組進行接力，每小組須配置 2 男 2 女

◎**遊戲道具**：踏板 4 副；大塑膠桶 9 個(其中 4 個空桶放終點，4 個裝滿水的放起點，1 個裝滿水的在起點處備

用)小塑膠盆 16 個，中塑膠桶一個(加水備用)，

碼錶一個，鼓一個；鑼一面

◎遊戲場地：戶外

◎遊戲步驟：

1. 預備：每組第 1 位隊員踏板一對放右側；每組 1 位協作隊員各端水一盆。

2. 裁判宣佈「開始」，各組第 1 位隊員迅速將雙腳分別伸入踏板腳套中，右手端協作隊員遞過來的水盆，左手搭前 1 位隊員的左肩(最前面 1 位隊員除外)前行。

3. 到達終點，將水盆中的水倒入本隊的水桶後，按原方式原路返回。返回起點，隊員雙腳離開踏板，水盆交協作隊員打水。

4. 下一組開始。

5. 最後十秒，裁判開始讀秒：「十，九，八，……，一，停(鳴鑼)！」

◎規則：

1. 比賽時間 10 分鐘，以運送水的多少決出名次。

2. 打水可以由協作隊員進行，但協作隊員必須是隊員，非隊員不能提供任何協助。

3. 終點倒水除本人或本小組其他隊員協助外，其他人員不能提供任何協助。

4. 倒水時可以雙腳離開踏板。

5. 終點踏板掉頭時，可用手協助掉頭，但位置應與掉頭前大體相當。

6. 兩男兩女一組，男女隊員前後踏板位置不作限制。

7. 中途倒地可以重新套上踏板端起水繼續前進。

# 108　我們的洞房花燭夜

◎**遊戲目的**：活躍氣氛，提高相互熟悉度。

◎**遊戲時間**：15 分鐘

◎**參與人數**：4～5 對男女，一個主持人

◎**遊戲道具**：無

◎**遊戲場地**：室內/戶外

◎**遊戲步驟**：

1. 請 4～5 對男女上臺。

2. 主持人先讓男士們說形容高興事的詞。比如：很高興，太好了，激動，興奮等。

3. 然後讓女士附和男士的話，要求和前面的形容詞相輝映，比如：爽，yeah，幸福等。

4. 最後主持人要求所有人再將自己剛才的話重覆一遍，但必須在前面加上「洞房花燭夜」。

# 109　偷天換日

◎**遊戲目的**：活躍氣氛。

◎**遊戲時間**：15 分鐘

◎**參與人數**：4～5 對男女，一個主持人

◎遊戲道具：一些紅繩（玻璃繩就行），中間穿上紙杯來當作鈴鐺眼罩（根據參加人數）、再準備背景音樂 disco

◎遊戲場地：室內/戶外

◎遊戲步驟：

1. 請幾個助手在舞臺上拉著繩子，讓參賽者先睜著眼睛練習一下，跟他們說這是一個非常有挑戰性的遊戲，要考驗他們的靈巧度和記憶力。

2. 練習幾次後，蒙上他們的眼睛，音樂響起讓他們走，這時候高潮是，主持人讓所有的助手把繩子拿開，你就會看到很精彩的表演了，注意旁邊的人還可以故意誤導一下，說低頭、抬腳等。

# *110* 螃蟹跑步

◎遊戲目的：活躍氣氛，創造情趣。

◎遊戲時間：15 分鐘

◎參與人數：全體參與，2 人一組

◎遊戲道具：碼錶

◎遊戲場地：沙灘

◎遊戲步驟：

1. 兩兩一組，背靠背，中間隔著一個游泳圈或足球，身體下蹲，扮演螃蟹跑。

2. 規定一段距離，比如是 500 米。

3. 比賽那一組先到終點。

# *111* 柱子放輪胎

◎**遊戲目的**：1. 促進學員之間的協作和溝通。

2. 活躍氣氛，提高學習興趣。

◎**遊戲時間**：60 分鐘

◎**參與人數**：10～12 人一組

◎**遊戲道具**：3 米高的柱子，5 個輪胎

◎**遊戲場地**：室外

◎**遊戲步驟**：

1. 將學員分成 10～12 人一組。

2. 告訴各小組的任務是：將輪胎從柱子上拿走，並以相反的順序堆放輪胎(可編號以幫助區分)。

3. 檢查那一組在限定的時間內，拿走的輪胎最多。

4. 為冠軍組歡呼。

5. 注意：此遊戲有一定的危險性，要有教練在一旁檢查指導。

◎**遊戲討論**：

1. 各小組在行動前做了那些工作？

2. 各小組團隊是如何實現協作的？

3. 各小組是否很快就消除了身體接觸的矜持？都有什麼感受。

◎**遊戲總結**：

1. 這項練習要求團隊成員能做到合作、交流和解決問題。

2. 從 3 米高的柱子舉起輪胎時所進行的身體接觸，是個戶外拓展破冰活動，為以後需要團隊成員相互提供身體支持的活動打下基礎。

 # *112* 學員在平衡箱

◎**遊戲目的**：1. 提高團隊隊員間的協作和信任。

2. 活躍氣氛。

◎**遊戲時間**：20 分鐘

◎**參與人數**：8 人一組

◎**遊戲道具**：0.5 米×0.5 米木箱

◎**遊戲場地**：室外

◎**遊戲步驟**：

1. 在平地上放好幾隻 0.5 米×0.5 米的箱子。

2. 將學員分成 8 人一組。

3. 告訴學員活動規則：每一組中的一個隊員先站到箱子上，其他隊員一個接一個地站到箱子上，所有隊員必須站到箱子上，身體的任何部份不得接觸地面。

4. 最後檢查那一組在箱子上站得最久，最持久的組就是冠軍組。

◎**遊戲討論**：

1. 當越來越多的學員站到箱子上時，大家的感覺是什麼？

2. 在行動前，各小組都做了那些工作？

3. 遊戲結束後，隊員都有那些感慨？是不是更加團結友好？

◎**遊戲總結**：

1. 平衡箱子要求高水準的身體接觸，此接觸遊戲在室外學習中，是個極好方法。

2. 當更多的人上了箱子時，他們必須坐在別人的肩膀上，緊緊地

抱成一團，並保持平衡(此時要小心跌落的危險)。

3. 由於身體接觸是個相當敏感的問題，這一活動能幫助人員打破
矜持。

 # *113* 粗樹枝

◎**遊戲目的**：1. 提高團隊隊員間的信任。

　　　　　　　2. 活躍氣氛。

◎**遊戲時間**：30～40 分鐘

◎**參與人數**：5 人一組

◎**遊戲道具**：蕩杆、眼罩

◎**遊戲場地**：室外

◎**遊戲步驟**：

1. 固定好蕩杆，蕩杆是由繩或鏈吊著的一個杆或粗樹枝做成。

2. 將學員分成 5 人一組。

3. 告訴學員活動的規則：當蕩杆搖擺時，組員用眼罩蒙著眼睛一
個接一個地從蕩杆上跨過去，身體的任何部位不得碰到蕩杆。

4. 視碰到蕩杆的隊員或不敢去跨的隊員為「逃兵」，並讓他們站
在一旁。

5. 最後統計「逃兵」的數量，那一組「逃兵」最多，就要義務性
為贏隊唱一首歌。

# *114* 請團隊劃線

◎**遊戲目的**：活躍身心，增進瞭解可自然引出團隊培訓的主題。

◎**遊戲時間**：40 分鐘

◎**參與人數**：全體參與

◎**遊戲道具**：以人均 30 釐米×各隊實際參與人數(10～14 人)
為總長度，在地面上用粉筆畫出(或用紙膠帶貼
出、用繩子擺出)一條條直線(每隊一條)；每隊
一位計時員、一隻碼錶

◎**遊戲場地**：戶外

◎**遊戲步驟**：

1. 請參與者按照要求站位──每隊成員皆並肩而站，雙腳均踩在本團隊的那條直線上。

2. 宣佈目的：做一個「團隊線」的遊戲──每個人將根據導師給出的要求，改變自己在這條「團隊線」上的位置，以排出一個符合這種要求的新隊列，通過這個活動來活躍身心，增進瞭解，開始培訓課程。

3. 宣佈規則：

第一，各隊的最右邊一個位置都為起點，最左邊一個位置都為終點。

第二，改變(移動)您的位置時，至少有一隻腳不能離開這條線──離開了就意味著您不屬於這個團隊了！全體確認移位成功後，請一起高舉雙手示意。

第三,一旦開始,禁止發出任何聲音。

第四,各隊現在請選出一位發言人,每階段比賽結束後匯總大家的意見到大組彙報!

4.可分 4 個階段循序宣佈與實施(各控制在 10 分鐘以內):

**⑴身高線**

——請按照各人實際身高由矮到高排隊,看那隊排得又快又準確!

**導師引導:**

①不能說話,又沒有尺度直接衡量,這時候怎麼才能排得既準確又更快(效益更高)呢?

②這些有沒有訣竅?是怎麼傳達給大家的?

③請問大家,「身高」在我們這個團隊中有什麼實際意義嗎?像這一類的情形還有那些?

——建議身高相同的學員相互握握手,或者擁抱一下!

**⑵生日線**

——請按照各人出生的年和月(如果這一點有障礙,可以宣佈「在這個團隊中的我們都是同一年出生的,現在請大家按照各人出生時的月和日」),由大到小(從西曆 1 月 1 日～12 月 31 日)再次排隊,看那隊排得又快又準確!

**導師引導:**

①本次排隊是否比身高線時效益提高了些?提高了(或者沒有提高)又是為什麼?

②同伴們的這些情況您原先瞭解多少?瞭解或不瞭解有什麼差別嗎?

——建議同年同月(或同月同日)出生的學員相互握握手,或者

擁抱一下！

### (3)工齡線

——請按照各人在本公司的服務時間（只算其年、月），由長到短再次排隊，看那隊排得又快又準確！

**導師引導**：

①現在效益是否又提高了些？從中獲得什麼有益的啟示？

②問服務期最短者：當時是什麼原因使您選擇了本公司？問服務期最長者：是什麼原因留住了您？若有同樣條件或者更好一點的其他公司擺在那裏，您還會選擇本公司嗎？您還會繼續留下嗎？（及時鼓勵作出正面積極的回答者。）

——請服務年限相同的學員擁抱一下！請最老的員工鼓勵一下最新加入公司的員工！

### ◎說明：

1. 在進行遊戲過程中每一個階段可以引導學員思考，如排列身高線的時候可以引導大家思考怎樣才能排得又快又準，而在排工齡線的時候可以引導得更遠一些，比如在遊戲過程中還可以這樣思考：有沒有別的方法來給這個團隊排隊，以獲得關於團隊的新信息？或者請學員總結一下，瞭解這些信息，對建設高績效團隊有那些保進作用等等。而導師應及時予以肯定，由此引出本次培訓主題。

2. 如果參與者來自公司不同部門，其總數在 40 人以內時，也可以只排成一列進行，地面上的直線這時可改為「n」形，命名為「組織線」。

3. 破冰性質的遊戲可活躍身心，增進瞭解，還可自然引出本次組織培訓的主題的目的。每人的站位和規則中的「一、二、三」條均不變，相同身高、生日或工齡者之間的握手或擁抱「儀式」也必須保留。

4. 此時只需一位導師(一隻碼錶)掌控全局,密切觀察學員表現。在核對生日或工齡的排序是否準確時,導師可將每個人的生日或工齡依照排序書寫在白板上。

◎注意:

1. 以上每一階段各隊討論分享結束後,由各隊選出一位發言人到大組來彙報。(每人限時 1 分鐘)。

2. 這三項中導師也可以根據需要只選一項來做。

◎遊戲討論:

1. 大家對取得的成績滿意嗎?(希望聽到有人質疑:沒有參照、標準,怎麼說滿意不滿意?)為什麼滿意(或不滿意)?如果你不能衡量,你就不能管理。那麼,在我們的組織裏,在這一方面有那些優勢或不足?

2. 在移動過程中,其實有人很早就發現了提高效益的訣竅,譬如說導師舉例並表揚某些學員,那麼,這些好辦法有沒有傳播開去並被大家仿效了?這很能啟發我們發現組織內部的溝通現狀,促使我們去改善組織的內部溝通。

3. 白板上的關於我們每個人的這些信息,我們事先都知道嗎?知道與否有什麼差別嗎?當組織的成員開始致力於瞭解別人在職位、角色和職能背後的真實面貌時,就產生了親密關係。

# *115* 搶救大行動

◎遊戲目的： 1. 在真實的場景模擬中感受團隊完成任務的水
準。

2. 檢查團隊在領導、決策、計劃、執行方面的
能力。

3. 讓所有學員活動起來。

◎遊戲時間：60～80 分鐘

◎參與人數：不限

◎遊戲道具：手電筒、火把、兩根約 2 米長的竹竿、兩條約 4
米長的繩子、1 個對講機、1 個指南針、1 張不準
確的週圍環境地圖

◎遊戲場地：戶外

◎遊戲步驟：

1. 講師事先安排一位學員「失蹤」，與這位學員一起失蹤的還有
一位助教。助教的作用是為了防止真正的意外和監督整個事件過程。
但這一目的講師不需要告訴任何人。

2. 講師要求遇難者假裝不能行走和站立、不知所措、情緒激動，
只能描述非常簡單的情況，身邊有 1 個手電筒和 1 個指南針。

3. 失蹤者出事的地點要選在地形相對複雜，不容易被人發現的地
方。此活動儘量安排在晚上。

4. 一切安排好後，講師告訴學員：現在你們中的一位夥伴好像出
事了，我找了很久沒找到他。現在你們的任務就是把他找回來，所有

的學員都必須參與。你們可以使用這些物品(上述物品)。

5. 你們有 50 分鐘的時間。

6. 等學員的營救活動結束，講師引導下列討論。

◎遊戲討論：

請學員說下列問題

1.「在這個活動中，讓我高興的是……」

可能答案:「我能救出傷患」,「配合默契」。

2.「讓我吃驚的是……」

可能答案:「我們從來沒做過這事，但居然能做好。」

3.「我注意到……」

可能答案:「那個地圖很重要……」

4. 那些因素對營救活動起了幫助作用？

可能答案:

· 有明確的領導者。有了領導者才會有核心。

· 犧牲精神，有的人去做探索工作。

· 信息收集，對信息的敏感會導向成功(燈光、聲響)。

◎遊戲總結：

1. 等學員做完討論，講師可以做如下措詞鼓勵和澄清某些事情：這個活動很有挑戰性，大家完成得很不錯，這個活動並不是要大家成為急救專家，而是鍛鍊大家的相互合作和解決問題的能力。

2. 我們的地圖本身不太準確，主要是為了讓大家多溝通。結果證明：即使客觀條件不太好，我們還是能夠達成目的。

3. 我注意到在整個活動中，大家在很多方面都表現非常優秀：組織、計劃、溝通、合作，因為我看到當……

4. 團隊中的相互支持是很重要的，因為相互支持使你這個新團

隊，在面臨新問題時，能夠成功地完成任務。

 # 116 蟲子邁大步

◎遊戲目的：1. 活躍課堂氣氛。

　　　　　　2. 發揮團隊的創意和協調合作的能力。

◎遊戲時間：5～10 分鐘

◎參與人數：12 人一組

◎遊戲道具：無

◎遊戲場地：空地

◎遊戲步驟：

1. 培訓師給學員指令：小組要創造出一條小蟲，這條小蟲要有 4 只手，11 只腳在地上，而且全體組員必須連接在一起成為一個整體。

2. 培訓師給學員 5 分鐘時間商量，然後開始比賽。比賽時小蟲必須從起始點爬到距終點 5 米的地方，以小蟲到達目的地為勝利。

3. 培訓師可用任何形式表示鼓勵(小禮品、握手、拍肩)。

◎遊戲討論：

1. 優勝組獲勝的原因是什麼？

2. 其他小組創作、思考的過程以及表現過程是怎樣的？

3. 你們覺得還有更好的方案嗎？還可以做得更好嗎？如何做到？

4. 每個成員在進行中有什麼感受？

◎遊戲總結：

1. 快點確定一個隊長，指揮行動，才能統一行動。

2. 為了鼓舞士氣，每隊最好編出口號。

3. 切記，所有隊員要相互配合，才能做到行動一致。

# 117 學員閃亮登場

◎**遊戲目的**：用一種新穎獨特的方式介紹一位特邀講演者(或
貴賓等)。

◎**遊戲時間**：2～3 分鐘

◎**參與人數**：集體參與

◎**遊戲道具**：特邀講演者或培訓者的簡歷

◎**遊戲場地**：不限

◎**遊戲步驟**：

1. 取一份特邀講演者或培訓者的簡歷或介紹，把這張紙裁成幾
片，事先分發給幾個與會人員，請他們每人讀或背誦一兩個句子。

2. 當你請出這位特邀講演者時，當眾聲明：「我們的特邀發言人
大名鼎鼎，我敢打賭，你們會比我對他瞭解得更多。」

3. 暗示那幾位與會人員介紹一下發言人的情況。

◎**遊戲總結**：

1. 注意暗示的時機和方法，最好能做得自然和真實一些。

2. 你的當眾聲明一定要風趣和幽默，總之，要盡可能地激發所有
人的注意力。

# *118* 神奇的姓名標籤

◎**遊戲目的：**幫助與會人員互相認識一下。

◎**遊戲時間：**5～10 分鐘

◎**參與人數：**集體參與

◎**遊戲道具：**空白的姓名標籤

◎**遊戲場地：**不限

◎**遊戲步驟：**

1. 在整個團體第一次集會時，給每人發一個空白的姓名標籤。

2. 請每個人都填寫下面各項內容：

⑴我的名字是×××。

⑵我有一個關於×××的問題。

⑶我可以回答一個關於×××的問題。

3. 給與會人員幾分鐘時間來對這些陳述作出思考。

4. 鼓勵整個團體的人員聚在一起，使每個人與盡可能多的人打交道。

◎**遊戲討論：**

1. 是否可以提問比較私人化的問題？

2. 如果有人提問你比較私人化的問題，你該如何回答？

◎**遊戲總結：**

1. 要加快節奏，可以在與會人員簽到時就發給姓名標籤，請他們當場在姓名標籤上按要求填寫上述內容。

2. 也可以事先印好列有上述 3 項內容的姓名標籤，在與會人員簽

到等待會議開始時請他們填寫。

3. 比較私人化的問題，可以提問和回答，但前提是必須確定一個基本的準則，即在坦誠的基礎上，無損個人精神和物質利益的問題。

4. 有些過火的問題，可以採用較為委婉或幽默的方式化解。

# *119* 學員變成記者

◎**遊戲目的：** 1. 讓培訓師對前來上課的學員背景進一步瞭解，從而幫助掌握課程講授的深淺程度。

2. 幫助學員們相互瞭解，增強學習氣氛。

◎**遊戲時間：** 15 分鐘

◎**參與人數：** 2 人一組

◎**遊戲道具：** 紙和筆

◎**遊戲場地：** 教室

◎**遊戲步驟：**

1. 讓學員們找到自己的拍檔，最好不是太熟悉的人。其中一人作為記者對這位拍檔進行採訪，採訪的形式及內容都由自己決定，時間為 3 分鐘。

2. 「記者」的目的是在 3 分鐘內盡可能獲取有深度的信息。要求他們在採訪過程中做筆記。採訪完成後進行角色交換做一遍。完成採訪後，每位學員要把採訪的信息做一次一分鐘的演講，目的是把自己所採訪的人以最佳的表達方法介紹給大家。

3. 時間由培訓師掌握，如果培訓班很大，演講只能以抽查的形式

進行。

◎注意：

1. 3分鐘的時間有限，提問時注意有的放矢，不是閒聊。

2. 每個人都有自己的特點，要能抓住重點，讓自己的演講出彩。

◎遊戲討論：

評價記者的信息收集能力，組織能力及表達能力。

# 120 有趣的溝通

◎**遊戲目的**：活躍氣氛，學習人際溝通交流術，練習傾聽。

◎**遊戲時間**：50分鐘

◎**參與人數**：全體參與

◎**遊戲道具**：無

◎**遊戲場地**：安靜舒適的室內

◎**遊戲步驟**：

1. 概念說明：這是一種面對面的強迫談話活動，借著特殊的座位安排，以及事先安排的有趣話題，使每位成員都有表示意見的機會。

2. 培訓師按照如下指導語進行：

「本活動的特色是新奇、有趣而富有變化，現在我們要進行一種很有趣的活動。」

「首先，請各位接連報數 1、2，1、2，現在我們要圍成兩個圓圈，報1的在內圈，報2的在外圈，內圈的面朝外；外圈的面朝內，兩人面對面地站著。」「請將我告訴你的題目在兩人之間進行討論，

內圈的先講,外圈的聽;兩分鐘後,換外圈的講,內圈的聽;再兩分鐘後,我們更換題目,內圈的順時針轉動一個位置,然後以上面同樣的方式進行『講與聽』,明白了嗎?好,讓我們現在開始。」

3. 排列座位(約 5 分鐘)。報數:全班成員接連報「一、二,一、二」:報數「一」的在內圈,報數「二」的在外圈(都坐在椅子上)。

4. 對談(約 5 分鐘)。培訓師念出第一個題目(題目事先設計好),然後開始對談(內圈的先講),兩分鐘後,外圈的再表示意見,再兩分鐘後,換題目,內圈的同時順時針移動一個位子;再念出第 2 個題目,接著按上面的方式進行;活動繼續進行,直至全部題目討論完畢。

5. 題目設計宜新奇有趣,其性質內容及題數視需要由時間長短而定。

◎遊戲討論:

1. 假如醫生告訴你,只剩下半年的生命,你將如何安排這半年的生活?

2. 假如你有 100 萬元,將如何使用?

3. 假如你是教育部長,第一件事會做什麼?

4. 假如你有機會環遊世界一週,會如何計劃你的旅程?

# *121* 三個孔明的智慧

◎ **遊戲目的**：1. 在團隊完成遊戲中，體會團隊合作的重要性。

2. 在學員感受自己的應變能力的同時，達到活躍現場氣氛的目的。

◎ **遊戲時間**：10～20 分鐘

◎ **參與人數**：集體參與

◎ **遊戲道具**：無

◎ **遊戲場地**：不限

◎ **遊戲步驟**：

1. 請大家一起編一個故事，每人一次說一個詞。(提示：每個人都必須盡可能地選擇那些有趣的、新穎的詞。)

2. 選一個志願者給大家演示一下。你和志願者一起虛構一個以「很久以前」開頭的故事。

⑴你首先開始，你說「很久」，接著讓志願者說下一個詞(「以前」)。你們這樣每人輪流說一個詞，直到獲得一個正常的故事結尾。

⑵用「這個故事的寓意是……」作為故事的結尾，你和志願者輪流說出一個詞，提出一個有深刻意義的結尾。

3. 現在重新開始講一個故事，並先提一個新要求，這次說的詞必須滿足下面的特點：

⑴通俗易懂(「要敢於說出單調、乏味的詞」)。

⑵盡可能給你前面的人說的詞圓場。

◎ **遊戲討論：**

1. 你們注意到第 1 個故事與第 2 個故事有什麼不同了嗎？如果你們認為第 2 個故事更好，為什麼呢？

2. 是否有人有過這樣的經歷：看到大家利用集體的智慧產生了一個全新的、完全沒有預料到的創意？

3. 從本遊戲中所獲得的這些認識對你的團隊的運作有什麼啟示？當有人不同意或不理解你的想法時，你會怎麼做？要對集體的智慧有信心——相信大家正朝著一個正確的方向前進，即使你們還沒有看到它。在這些方面，你們學到了什麼？

4. 如果每個人都努力使他人感覺良好，為他人著想，你的團隊會發生什麼變化？

◎ **遊戲總結：**

1. 一個優秀的團隊不可缺少的部份就是合作精神，而合作精神最重要的就是要注意聽取他人的意見——像對你自己的想法一樣，給予他人的想法和念頭足夠多的關注。整個團隊也許最終決定採用你提出的想法，但是在集體討論會上這不是最重要的，最重要的是要注意聽團隊中其他成員的發言。

2. 從另一個角度來看，如果你能夠提出自己的見解，那你就是一名優秀的集體討論參與者。切忌把這些想法放在心裏不說出來。

3.「集體智慧」遊戲實際上並不限人數，可以在任意大小的房間內進行。玩遊戲時，大家最好站成一個圈，如果像劇院或教室那樣的環境，大家可以圍坐在圓桌旁。在這些情況下，你要在學員之間走動，輪到誰說時，你可以提醒他一下。

4. 要求學員說的時候儘量大聲，儘量清晰！如果他們不是面對面，你就有必要把每個詞重覆一下，以便其他人能夠聽到。

5. 遊戲應該保持較快的節奏，這樣參與者更容易跟上故事情節和集中注意力。

# *122* 神秘禮品出現了

◎ **遊戲目的**：鼓勵新來的人結識「老會員」，並儘快融入集體中。

◎ **遊戲時間**：3～5 分鐘

◎ **參與人數**：5～10 人一組

◎ **遊戲道具**：用作獎品的現金

◎ **遊戲場地**：不限

◎ **遊戲步驟**：

1. 事先秘密指定某人充當「神秘先生」或「神秘女士」。

2. 在會議開始之前或進行期間突然宣佈：「與神秘人物握手。他會給你 1 元。」（或者「逢 10 的握手者，即第 10 個或第 20 個、第 30 個與神秘人物握手的人，可得 5 元」等。）

◎ **遊戲討論**：

1. 為什麼我們不願結識新人？

2. 物質刺激對你的行為方式的影響是什麼？

3. 可以有效地幫助我們打破緘默，開始談話的話題有那些？

◎ **遊戲總結**：

1. 每次結識新人都是對我們「推銷」自己、瞭解別人的挑戰，因此很多人不太願意接受這個挑戰。

2. 結識新朋友常常可以給你帶來意想不到的好處和方便。

3. 在物質或某些其他因素的刺激下，人們往往可以結識更多的人，跟他們隨便聊聊。

4. 人們往往需要外部刺激和自我鞭策這兩種方式來迫使自己接受新的挑戰。

5. 懂得掌握這項技能對自己的益處。

# 123 我是樂隊總指揮

◎**遊戲目的：** 在與會人員結束了緊張的活動或討論，或者被動地聆聽了講座或觀看了光碟之後，給他們一個放鬆的機會。

◎**遊戲時間：** 6 分鐘

◎**參與人數：** 集體參與

◎**遊戲道具：** 答錄機和音樂盒帶

◎**遊戲場地：** 不限

◎**遊戲步驟：**

1. 選擇一個大家看起來特別無精打采的時候，給他們一種獨特的休息方式(不用咖啡，也不用休息室)。請所有人員起立，在身邊留出足夠的空間，以免在自由揮動手臂時彼此碰撞。

2. 對他們說，他們已經贏得了樂隊指揮的權力，將在隨後的 5 分鐘裏指揮舉世聞名的費城交響樂團。你還可以告訴他們，據說模擬指揮是放鬆情緒和鍛鍊身體(尤其是對心血管系統)的絕佳方式。

3. 播放一段選曲，請他們伴隨音樂進行指揮。

◎**遊戲討論：**

1. 指揮一個樂團感覺如何？

2. 有多少人想在回家之後從自己收集的音樂盒帶中選一些來類比指揮？

3. 指揮樂團使人得以揮舞雙臂，擺動身體，從而重新變得生機勃勃，但在其他情況下我們是做不出這一舉動來的。這說明了什麼？

◎**遊戲總結：**

1. 本練習在你精心挑選了曲目的情況下最為有效。我們推薦那些所有人都熟悉的曲目，這樣他們會知道下面的音樂是什麼。

2. 選取的音樂應該是節奏明快的，以刺激人們在指揮時的活力，進行曲或者圓舞曲效果很好，而且在速度和音量上有變化的曲子通常會有助於人們變換指揮方式。

3. 幻想自己在指揮一個龐大的樂團會帶給人以振奮的力量，同樣讓人們幻想自己是一個名人，並朝他的方向走去，這還有助於人們走向成功。

心得欄 _____

_____

_____

_____

_____

_____

# 124 吹出小巨人

◎遊戲目的：1. 活躍氣氛。

2. 通過遊戲使學員在協作和競爭中增進瞭解，增加團隊凝聚力。

◎遊戲時間：20分鐘(10分鐘討論，10分鐘遊戲)

◎參與人數：10～12人一組

◎遊戲道具：氣球若干個、塑膠打氣筒與戲服，各組數目一致

◎遊戲場地：不限

◎遊戲步驟：

1. 培訓師發給每組上述材料。

2. 每組選出一位組員作為「小組巨人」。

3. 每組利用所給材料，讓組員想辦法令「小組巨人」變得越來越「強壯」。

4. 在規定的10分鐘時間內評選最「強壯」的「小組巨人」。

◎遊戲討論：

1. 本小組是用什麼方法令「小組巨人」變得越來越「強壯」的？

2. 在遊戲中，看見其他小組的「巨人」變得越來越「強壯」時，你的反應是什麼？

◎遊戲總結：

1. 也許你立即就能想到讓你們的「小組巨人」四肢發達起來，接著就是他的胸部和背部了，這沒錯。可是，我的夥計，用什麼辦法，將這些氣球拴在他的身上呢？所以別急著將所有的氣球都充滿氣，而

是留一些作其他的備用工具,如作繩子用。

2. 誰充氣?誰紮頭?誰來武裝「小組巨人」?都已分配好了嗎?千萬不要全小組成員一窩蜂地都來做同一件事。

3. 還有,別太貪!充過多的氣,氣球是易爆的。

4. 不要充一個就往巨人身上「穿」一個,先將這些球做成一件「外衣」,然後再給巨人穿上,是不是更有效率一些?

 # 125 創造出自信應對

◎ **遊戲目的**:活躍課堂氣氛,讓學員保持輕鬆和積極的心態進行學習。

◎ **遊戲時間**:15 分鐘

◎ **參與人數**:6～10 人一組

◎ **遊戲道具**:幾個形狀怪異的物品,如活塞、漏勺、飛鏢或電牙刷、題紙板

◎ **遊戲場地**:比較大一點的室內或室外

◎ **遊戲步驟**:

1. 與學員一起即席想一想,如果在你們一群人面前出現炸彈,你們會做什麼反應?讓學員提一些可能的情形,把所有可能的反應記在題板紙上。

2. 現在教學員學習「小丑鞠躬」的反應。當其他方法失敗時,小丑鞠躬意味著面對聽眾,謙虛地笑著說,「謝謝你們,非常感謝你們。」

3. 鼓勵學員試一試「小丑鞠躬」方法的幾個變形。他們可以用深

情的語氣說，他們也可能像一個電臺的名主持一樣熱情地說，等等。他們可以先模仿其他人的風格。直到他們找到自己尤為喜歡的個人風格。

4. 現在把形狀怪異的物品拿給小組成員看。這個遊戲的目的就是讓學員說出這些物品盡可能多的用處。

5. 讓小組站成一個長隊，或者兩隊。讓學員按順序跑到屋子的前面，揀起物品，說出它的名字，並描述出它的用處，然後跑回隊伍中。

◎遊戲討論：

1. 在接下來的 3 天裏的任何時候，你們是否可能犯錯誤？如果你回答「是」，就試著用在本遊戲中學到的技巧，看看人們有什麼反應。

2. 在人生遭遇中，有人會「摔倒」。這就要看他是如何爬起來的才有意義。

◎遊戲總結：

1. 此遊戲中由於運用了一些怪異的物品，又要學員對它重新定義描述一番，所以非常有趣。

2. 人們在面對一些意想不到的局面時，若能趁機幽默一下，坦然面對，勢必多些快樂和智慧。

# *126* 面對自己的過錯

◎**遊戲目的**：1. 活躍課堂氣氛，並讓學員從中悟出一些道理。

2. 讓學員體會一下自己的應變能力。

◎**遊戲時間**：15～20 分鐘

◎**參與人數**：集體參與

◎**遊戲道具**：無

◎**遊戲場地**：室內

◎**遊戲步驟**：

1. 小組站成半圓形，按順序報數，以便每個參與者都有一個數字。

2. 第一個人(隊列中的 1 號)叫另一個人的號：「12 號！」被叫的人立即叫另一個人的號。比如，5 號被叫，5 號接著很快叫出另一個號「8 號」等等。第一個有點兒猶豫的人，或者叫了一個錯號(他自己的號，或者是一個不存在的號)的人放棄自己的位置，走到隊尾。此時隊伍重新編號。遊戲重新開始。

3. 遊戲繼續進行，總會有人不斷「犯錯誤」，不得不移到隊尾。

4. 大約 5 分鐘後叫停。

◎**遊戲討論**：

1. 對小錯誤等閒視之會有什麼感覺？看他人犯錯誤有什麼感覺？

2. 為什麼當我們失敗時，即使是在一個很傻的小遊戲中，對我們的現實生活並沒有什麼影響，我們往往也不能容忍而嘟嘟囔囔？

3. 在現實生活中，你會經常犯什麼小錯誤？

4.在現實生活中，使用「對」有什麼利害關係嗎？

◎遊戲總結：

1.在遊戲中你不必做出慘相或難過狀，你們最好舉起一個拳頭，勝利地嚷嚷「對！」並且驕傲地昂首走到隊尾。每個人都為他鼓掌。

2.「對！」是一個工具，它基本上能使我們正確地認識錯誤。當你實際上在說「我做得不好嗎」時，每個人都明白你的真正意思是，「呵，不要再那麼做了！現在讓我們繼續吧。」除了舉起拳頭，說「對」外，還可以傳遞些幽默，比如：「謝謝你們，那可花了我一年時間進行訓練，請給點兒掌聲。」

3.對於真正嚴肅的錯誤，使用「對」這一方法是不恰當的。重大錯誤會給他人帶來痛苦、損失或者困窘。而小錯誤只給自己帶來困窘。

4.提醒他們一下，在這個遊戲中，他們互相看著對方輕鬆愉快地對待小錯誤的感覺。說「對」！解除了小組裏每個成員因某個成員犯了小錯誤而帶來的不舒適的感覺。畢竟，那個人只不過做了所有人經常做的事——犯了一個小錯誤而已。

心得欄 ------------------------------
---------------------------------
---------------------------------
---------------------------------
---------------------------------
---------------------------------

# *127* 角色模擬遊戲

◎**遊戲目的**：1. 活躍現場氣氛。

2. 這個遊戲以圖表形式向我們表明，團隊行為是如何形成的。

◎**遊戲時間**：15 分鐘
◎**參與人數**：集體參與
◎**遊戲道具**：無
◎**遊戲場地**：不限
◎**遊戲步驟**：

1. 讓學員讓成一個圈。遊戲開始時，你任意指向圈中的一個人，手不要放下來。那個人現在要指向圈中的另一個人，依次下去。

2. 告訴大家，不允許指向已經指著別人的人。遊戲這樣進行下去，直到每個人都指著某個人，而且沒有兩個指向同一個人。然後大家都把手放下來。

3. 現在，告訴大家，把目光放在被指著的身上。告訴他們，他們的工作是監督那個人。那個人被稱為「角色模特」。

4. 學員有一件工作：聳們必須密切監督他們的「角色模特」，並且學他們的動作。

5. 要求學員站著不動。只有當他們的「角色模特」動了，他們才可以動。

6. 實際上，「角色模特」做的任何動作，咳喇、拉拉手指等，學員都必須立即重覆，然後站著不動。

7.開始遊戲，進行大約 5 分鐘。

8.可能出現的情況是，隨處可見各種小動作。

9.無論什麼時候，當有人做了一個動作，這個動作將會被大家轉著圈傳播開，無休止地重覆下去(通常在每次重覆時都會有所誇張)。

10.最後，圈裏的每個人都會搖著頭、擺著胳膊、做著鬼臉、咳嗽、咯咯笑。

◎遊戲討論：

1.剛剛發生了什麼？有誰知道某個動作是誰發起的？

2.有多少人知道，是你的「角色模特」首先開始的某個動作？

3.當有人首先開始後，一旦其他人都這麼做了，有什麼麻煩嗎？

4.這個遊戲是如何模擬你的團隊在現實生活中的做法的？在工作中，你們是如何開始玩「誰先開始的」這個遊戲的？玩這個遊戲的代價是什麼？對你來說，你個人停止參與這個不良循環，有多重要？為了改變這種規範，你願意做什麼？

◎遊戲總結：

這是一個非常有趣的遊戲，活躍了現場的氣氛，激活了學員的學習熱情。

# 128 支柱

◎**遊戲目的**：活躍氣氛。

◎**遊戲時間**：30 分鐘

◎**參與人數**：2 人一組

◎**遊戲道具**：一塊白板

◎**遊戲場地**：室內

◎**遊戲步驟**：

1. 讓你的學員兩人一組，做一個與學習有關的演出。

2. 選擇 4 個志願者分別為 A、B 組扮演角色。

3. A 組是這場戲的演員，B 組是為他們提示臺詞的助手。

4. B 組挨著 A 組的同伴站著，他們肩膀被志願者拍一下時，就會把接下來的那句臺詞告訴 A 組。

5. A 組的工作是接受 B 組人給他們的任何臺詞，然後充分演好它，就像這些東西是他們自己頭腦中已有的一樣。

6. 老師先扮演志願者來演示一下這種做法。通過說一些積極的事情而開始：「我非常榮幸可以有機會與你一起合作，阿成（B 組人），你……」

7. 老師然後拍一下阿成（B 組人）的肩膀。阿成可能立即接上：「總是與我的立場一樣。」結合阿成提供的東西說出老師的獨白，「總是與我的立場一樣。事實上，我完全信任你。因此……」

8. 再次拍阿成（B 組人）的肩膀。他也許會說：「那麼，你認為昨天我向老闆提交的計劃怎麼樣？」

9. 老師可以立即問阿成：「那麼，你認為昨天我向老闆提交的計劃怎麼樣？告訴我實情。你知道我會非常信任你的判斷。」

10. 又一次拍阿成(B 組人)的肩膀：「請與我坦誠相對。」老師說：「請與我坦誠相對。我必須知道我做得怎麼樣⋯⋯」

11. 讓學員觀看剛才的演示，然後讓他們散開。

12. 給學員 5 分鐘左右的時間去做這個遊戲。

◎遊戲討論：

1. A 組人員：你為了轉換並適應 B 組的場景臺詞必須做些什麼？做這些變化時感覺如何？怎麼才能使這個過程更容易一些？

2. B 組人員：為 A 組人提供臺詞並使所有這一切做得容易，你需要做些什麼？當 A 組人員用你的臺詞順利表演時，你有什麼感覺？

3. 對所有志願者：你的想法與當時場景中發生的一切要一樣，你有什麼感覺？你是否有過對這種結果失望的感覺？你是否有過又驚又喜的感覺？

◎遊戲總結：

提醒你的志願者，他們不應以遲鈍的、瘋狂的或古怪的方式來做這個遊戲。再者，這個遊戲的關鍵點是最公平的合作——願意與其他人一起分享合作的快樂。

# *129* 發揮你的問題能力

◎**遊戲目的**：使與會人員在輕鬆的氣氛中彼此熟悉起來。

◎**遊戲時間**：5 分鐘

◎**參與人數**：集體參與

◎**遊戲道具**：給每位與會人員準備紙和筆

◎**遊戲場地**：不限

◎**遊戲步驟**：

1. 請每人都寫下一個他打算問剛剛結識的人的問題。建議他們發揮一下創造力，不要問那些平淡無奇的問題(如姓名、所在的公司等等)。

2. 一分鐘後，請與會人員起身在房間裏走動，交流問題與答案，鼓勵他們去跟盡可能多的人打交道。

3. 3 分鐘後，宣佈結束時間已到，請與會人員回到座位上去。

◎**遊戲討論**：

1. 你發現在別人情況中那些較為有趣？能否在雞尾酒會的「正常」談話裏得知這些情況？為什麼不能？

2. 最富有成效的問題有那些？

3. 事實證明那些問題不是很有效？為什麼？

◎**遊戲總結**：

1. 在比較輕鬆和隨意的場合下，人們往往會流露出一些最自然的情緒，而這些恰恰是他們的本來面目的體現。

2. 不太「正常」問題提出的基本原則，即必須無傷大雅才可。

# *130* 兩組踩高蹺

◎遊戲目的：1. 創造性地解決問題。

2. 活躍課堂氣氛，用於講課開始前，以音樂為背景，利用道具導出議題。

◎遊戲時間：5 分鐘

◎參與人數：10～12 人一組

◎遊戲道具：每組一副高蹺，2 米短繩兩條，3 米短繩兩條，25 米長繩一條

◎遊戲場地：空地

◎遊戲步驟：

1. 培訓師發給每個小組上述材料。

2. 每組學員利用所給材料將小組全體學員從起點「運」到終點(全長 30 米)，已到達終點的學員不能返回。

◎注意：

遊戲過程中，學員身體的任何部份、任何道具都不能接觸中間的空地(高蹺除外)。

◎遊戲討論：

該活動導出了什麼議題？

◎遊戲總結：

1. 全程有 30 米，過去的學員又不能回，想想如何選擇工具？沒錯，長繩接短繩，將高蹺從遠處拉回。

2. 遊戲結束後，學員很興奮，而且體會到團隊合作的樂趣。

# 131 課堂內的盒子乾坤

◎ **遊戲目的：** 1. 這個遊戲是為了讓學員試著創造性地解決問題。

2. 放鬆學員緊張的思維，活躍氣氛。

◎ **遊戲時間：** 10 分鐘

◎ **參與人數：** 2 人一組

◎ **遊戲道具：** 無

◎ **遊戲場地：** 不限

◎ **遊戲步驟：**

1. 培訓師說：「舉起你的雙手，好像正拿著一個約 20 釐米見方的硬紙板盒子。在你的手裏正拿著一個並不存在的盒子。每個人都能看到它嗎？（看上去要很嚴肅，學員會毋庸置疑地點頭。然後，問一個人）它多大？（不管答案是什麼，你都要說對。）大家都同意嗎？（提示：如果學員說盒子特別大或者特別小，調整你的雙手，使人看上去好像你舉著一個那樣尺寸的盒子。）這是一個魔盒。一會兒，你們會驚奇地發現，你們中的半數在椅子底下正巧有一個這樣的盒子。讓我們看看那些人有？」（現在扔掉自己的盒子，開始遊戲。）

2. 把學員按兩人一組分組。一個人為 A，另一個人為 B。讓所有 A 從他們的椅子底下取出他們的「盒子」。

3. A 舉著「盒子」面向 B 說：「你好，夥計，告訴我在這個盒子裏有什麼有趣的東西？」

4. B 立即把手伸到裏面，抽出一個想像的物體，說出它的名字。

因為沒有標準，答案也就無所謂對錯。但有一個要求：它必須有趣。它也許是可愛的小狗，也許是一份商業計劃。B 必須不斷地、盡可能快地、一個接一個地從盒子裏取出有趣的事物，直到他「大腦枯竭」。這種情況會很快發生。當它發生時，B 應該立即停止。

5. 現在 B 從 A 的手中接過盒子，親切地說：「輪到你了。」A 再盡可能快地從盒子裏取出有趣的、令人高興的東西，直到他也「大腦枯竭」為止。

6. 兩人稍做休息。

7. A 再一次舉起盒子，但是這一次他得對 B 說：「你好，夥計。在這個盒子裏有什麼陳腐的、煩人的、沒趣的東西？」兩個人重覆剛才的過程，說出它們的名字，直到他們「大腦枯竭」(通常 1～3 分鐘)為止。

◎遊戲討論：

1. 你注意到第一輪遊戲說有趣的事物和第二輪遊戲說無聊的事物有什麼不同嗎？那一次比較容易做？

2. 什麼時候你充分利用了你的大腦？在第二輪遊戲中，當你盡力表現不幽默的時候，是否還有一兩個有趣的想法閃過？

3. 在第一輪遊戲中，強迫你表現幽默時，你在想什麼？

4. 如果你站在一群人面前，也存在同樣的內在的強制要求刻意表現幽默的時候，情況又會怎樣呢？

◎遊戲總結：

1. 有時有人同時想到了幾件不同的有趣的事物，這種情況至少在一些人中存在。請他們說出他們當時的想法，讓其他學員都知道。

2. 這常常會引來哄堂大笑。然後告訴學員：在一兩分鐘的練習中，如果能夠突然想出一些事先沒有想到的有趣的想法，那麼在訓練

的過程中，它們同樣也一定會出現的。

# 132 你的聯想力

◎**遊戲目的**：1. 運用聯想創造性地解決問題。

　　　　　　2. 活躍氣氛。

◎**遊戲時間**：15 分鐘

◎**參與人數**：集體參與

◎**遊戲道具**：題板、白板或幻燈儀

◎**遊戲場地**：室內

◎**遊戲步驟**：

1. 讓學員提出一個他們需要實現的目標。目標可以是「更好的客戶關係」，「更精確地填寫表格」，「更多員工參與公司的簡報」，或者其他。

2. 把目標寫在題板、白板或是幻燈儀的中間，最好是寫成按對角線傾斜的形式。

3. 請學員大聲說出他們隨意想到的關於這個目標的任何單詞或詞語。要事先告訴他們不要求新穎，只要簡單地把他們想到的詞語告訴大家就可以了。

4. 當大家說完後，停下來。看看記錄，選出你和大家最感興趣的單詞或詞語。不管什麼原因，只要大家感興趣就行。把這些辭彙寫在一張新題板紙的中央。

5. 重覆第 3 步和第 4 步 2～5 次。不斷提醒大家要記住最初的目

標,以防離題太遠。繼續進行,直到你們找到真正出色的想法,或是發現了一個與你們的目標有關係的概念,而且是很新穎的!

◎**遊戲討論:**

1. 為什麼這個遊戲很有效果?

2. 為什麼大多數人不能想出較多的新穎想法?

3. 關於創造性、新穎性,你們學到了什麼?

4. 你是一個有創造性、有革新精神的人嗎?

◎**遊戲總結:**

1. 不管你相不相信,被認為具有創造力的人在提出想法時,他們通常並不刻意追求新穎或創新!這怎麼可能呢?這是因為:第一,他們很早就發現,許多好想法都是從那些沒有獨創精神的想法中湧現出來的。第二,也是最重要的,如果給大腦施壓,強迫他們一個接一個地提出新穎的想法,他們很快就會覺得有壓力,會感覺很疲倦。最後,導致他們創造力的枯竭。第三,許多偉大的思想來源於普通的事物。解決問題的人常說:「答案總是擺在我們面前。」

2. 創造性思維的規則就是:首先要有想法,然後再評價它。

3. 當人們第一次開展激發想法的遊戲時,通常會有點兒恐懼感。這是因為我們中的大多數人認為自己沒有創造力。既然笑能夠像魔法一樣消除恐懼感,那麼特別建議你開始本遊戲時採用一個幽默的介紹方式。

4. 我們是在想到很多辦法之後,才想到新穎辦法的。

5. 很多人不能想到新穎的辦法是因為他們不能堅持,當他們想不出什麼想法時,他們就放棄了。

6. 在第 3 步中當有人說了一個毫不沾邊的單詞或詞語之後,一定不要停下來,或者表現出疑問、莫名其妙的表情(如例子中的「鬆了

口氣」)。這只會放慢遊戲的進程。記住,有許多次恰恰是因為這種奇怪單詞的貢獻,才使大家打破了舊的思路,產生了沒有預料到的新的聯想。

# *133* 利用鏡子來劃線

◎**遊戲目的：**幫助講師更好地瞭解學員。

◎**遊戲時間：**15 分鐘

◎**參與人數：**個人完成

◎**遊戲道具：**鏡子、圖表

◎**遊戲場地：**教室或空地

◎**遊戲步驟：**

1. 給每個學員發一面小鏡子。

2. 請學員將鏡子放在自己面前一個合適的位置上,以便於他們能看到鏡中的圖示。

3. 請學員在紙上跟著圖形描摹一條線,介於兩條平行線之間,同時眼睛不能離開鏡子。

4. 平行線必須通過鏡子從開始處畫起,按 1,2,3……的順序一直順著輪廓畫。

5. 在進行評估時,要從速度和品質(比如:描的線是否筆直,並介於兩條平行線之間)兩方面來看。

6. 通常,學員們會覺得這個任務比較困難,當他們看到自己落後於別人時,會有非常大的挫折感。

◎遊戲討論：

1. 為什麼描摹輪廓會很難？

2. 作為講師我們是否會經常要求學員完成一些任務時，給他們一種在通過鏡子工作的感覺？如果是的話，是些什麼任務呢？

3. 通過這個練習，我們可以做那些事使學員學得更輕鬆呢？

◎遊戲總結：

1. 當我們對著鏡子畫輪廓時，看似簡單的東西，實際上做起來十分困難。

2. 作為教員我們務必要審視我們下達的任務是否明晰。

3. 撤下鏡子，讓學員們放手去畫，才會畫得更輕鬆。

 # 134 告示牌

◎遊戲目的：

人與人之間相處需要一些話題來交流，進而維繫這種關係。而這些話題需要人們留心去尋找，這個遊戲就為學員提供了這樣一個機會，幫助學員之間進一步瞭解，增進交流。

◎遊戲時間：5～10 分鐘

◎參與人數：集體參與

◎遊戲道具：每人發一張紙和一支粗頭墨水筆，透明膠帶

◎遊戲場地：不限

◎應用：1. 新團體的建立。

2. 培養新員工之間的交流。

3.獲得信息的途徑的選擇。

◎遊戲步驟：

1.問學員兩三個有關於個人的問題，用投影儀或掛圖的形式展示給學員看。這裏有幾個範例：你最愛吃什麼？/你的寵物最討人喜歡的地方在那裏？/你讀過的最好的書是那本？/你一直喜愛的演員是誰？等等。

2.發給每位學員一張紙和一支粗頭墨水筆，請他們把名字寫在紙的頂端，然後寫下其中兩三道問題的答案。

3.現在用透明膠把每個學員的紙貼在肩頭，這樣讓他們看起來像活動看板。

4.請學員全體起立，在房間內自由走動，互相認識。鼓勵他們探討對方的答案。

◎遊戲討論：

1.你對這種打破僵局的遊戲有何感想？你喜歡這種遊戲嗎？

2.現在想像我們已經玩過一遍這個遊戲了，如果再玩一次，你想知道那方面信息？

◎遊戲總結：

1.這個遊戲的關鍵在於掌握時間，否則會破壞原有的和諧氣氛，會讓學員們覺得無話可說了。

2.這個遊戲的意義在於，鼓勵學員通過找到自己與他人的共同之處，從而進行順利交往。一般情況下，即使人們共處一室很久，也不見得真正瞭解彼此，甚至連基本情況也不會完全瞭解，這不能不說是人們的失敗。作為培訓課程，就要幫助學員克服這個弱點，鼓勵他們敞開心扉，主動瞭解別人。

3.通過與人交往，獲得你想獲得的信息，是對一個人交往素質的

考驗。在這個遊戲中，你可以看到對方的基本情況，那麼你就要盡力去挖掘更深層次的信息。當然，也要把握分寸，不能問過於私人的問題，否則會惹人反感，造成交流的負效果。

# 135 五步化解對抗法

◎遊戲目的：

這個遊戲還能向學員提供一種策略地表達敵意的技巧。向學員提供「反覆消化」的學習方法，幫助他們提高對講授內容的長期記憶。

◎遊戲時間：40～50 分鐘

◎參與人數：5～7 人一組

◎遊戲道具：五步對抗模式，貼在題板上，或人手一份，五張題板紙和五面旗子

◎遊戲場地：不限

◎應用：1. 人際溝通中對付難應付的人。

2. 團隊協作。

3. 商務談判技巧。

4. 學習方法訓練。

5. 降低工作消極性。

◎遊戲步驟：

1. 選擇一個有趣的開場白。讓人們對任何話題都感興趣的一個好辦法就是，把這個話題與他們有強烈感受的事物聯繫起來。

(1)如許多人對下面這件事有很強烈的感受——和並不喜歡自己

的人一起工作。說明面對這種無法選擇的情況，他們只能採取一些必要措施。

(2)而在大多數人心中，至少有兩個對抗「專家」給我們建議。一邊是比薩羅博士向你建議一個詳盡的復仇幻想，如果你採納他的建議，真正對抗同事或老闆，最可能發生的是什麼？（答案：幾乎沒有。）

(3)還有另一位專家，他能向你建議一個方法，使你很可能獲得成功。他就是「明智」博士，他會建議你使用面對對抗的一個五步模型。

2.介紹這個五步模型。

(1)第一步：不要描述不快樂的現在，而要描述充滿希望的未來，你希望消除對抗達到的結果。在這種情況下，你可以說：「我希望我們可以處好關係，使我們在一起工作時感覺很舒適。」

(2)第二步：詳細地描述問題。比如，你覺得你的同事在其他人面前貶低你，你可以這麼說：「在我們上一次小組會議中，有三次都是，我一講話，你就滴滴溜溜地轉眼珠，你把我關於轉型的想法描述得一文不值。」

(3)第三步：假設那個人並沒有意識到，向他表明，這種行為是一個問題。你應該使你的表述更充實，說：「當你這麼做時，我感到受到了侮辱和輕視。我們好像把太多精力放在互相找茬兒上了，而不是放在工作的項目上。」

(4)第四步：提供一種解決方法。如果你不同意我的看法時，我比較喜歡你友好地當面告訴我，以便我能公正地聽取你的反對意見。我希望你能用更加尊重一些的肢體語言。在把我的想法評價為一文不值或是錯誤之前，請仔細考慮一下我的想法。

(5)第五步：給將來一個積極的展望。如果你能這麼做，我覺得我會更好地支援你的目標和想法。

3. 邀請一些人描述他們需要直接對抗的經歷,即當他們採用含蓄的方式不能達到效果時。

4. 把大家分成小組,每組 5～7 人,給每個小組一張題板紙和一面旗子。

5. 分別分給每個小組上述五個模式中的任意一步。採用剛剛描述的方法,請各個小組提出盡可能多的與這一步相匹配的表達。

6. 在他們開始以前說:

(1)你們還記得我展示的關於比薩羅博士的第一個對抗嗎?比薩羅博士也很好地認識了「明智」博士的五步模式,但他篡改了他的意思,使它適合自己的固執想法。

(2)比薩羅博士以這五步為框架,寫了一本書,意思卻完全相反。

(3)例如:他把第一步翻譯為,描述充滿希望的未來。意味著你說的是:「你從我的眼前消失得越快越好。」第二步,詳細地描述問題,意味著:「你是一個……那也說明了我為什麼會有這個問題!」

(4)當你們開動腦筋的時候,我希望你們也包含一些來自比薩羅博士書中的表達,還有什麼問題嗎?開始!

7. 給每個小組 10 分鐘時間,提出他們的表述。

8. 讓他們在比薩羅的表述前標一個字母 B。

9. 請各個小組選出他們最好的比薩羅博士的表述和「明智」博士的表述。

10. 請每個小組選出一個代表,讓每個小組的代表按順序站在前面。

11. 請他們依次宣佈他們的「明智」博士的表述。這些表述應該連貫在一起,形成一個展示這個模式的一致的信息。

12. 請各個代表和大家分享他們的比薩羅博士的表述,以便形成一

個完整比薩羅博士模式，與明智博士的五步模式形成對照。

13.如果還有時間，把寫有全部表述的題板紙貼出來，讓大家大聲朗讀各種表述。

◎遊戲討論：

1. 提出某一步的表述是否困難？你們採用什麼標準來判斷你們最好的表述？

2. 對付難對付的人時，使用化解對抗的五步模式有什麼好處？當你處於危險之中時，你怎麼才能使自己有足夠的時間來進行表述？

3. 在現實生活中，你將怎樣使用這個模式？

4. 你在寫比薩羅博士的表述時，感覺如何？能這麼痛快地發洩是否有一絲快感？

5. 我們確實需要發洩。但是，當我們對著那些令我們感到氣憤的人發洩時，通常的結果是什麼呢？你覺得通過寫下類似比薩羅博士的表述的方式，而不是真正使用它們，是不是也使你獲得了一些發洩的快感呢？

6. 回顧一下你從這個遊戲中獲得的知識，在你下次碰到難以對付的人時，將怎樣改變你的想法？

◎遊戲總結：

1. 人與人的交流需要技巧，一味的敵對或妥協都不可能達到最有效的溝通。這個遊戲就是訓練學員如何維護自己的思想以及如何達到有效的交流。在遊戲過程中要提醒學員，這是一個重覆表達你的某個或某些想法的好機會。

2. 作為培訓者要儘量使這個遊戲變得生動有趣。最後，這些想法一定會再一次引起哄堂大笑，提出他們的學員也會因此而備受關注。

# *136* 團隊成員的快樂

◎**遊戲目的：**

這個遊戲生動地向團隊成員展示，成為一個團隊(六個人)中的一員是多麼地令人愉快，而被團隊排除在外時又是多麼地令人不安。

◎**遊戲時間：**20 分鐘

◎**參與人數：**集體參與

◎**遊戲道具：**事先準備好足夠的短語卡片與信封，在進行遊戲時發給所有的參與者

◎**遊戲場地：**大的會議室

◎**應用：**1. 溝通。

2. 團隊建設。

3. 員工激勵。

◎**遊戲步驟：**

1. 培訓者事先準備好一系列短語卡片，並將它們每個都自製六份。這些短語最好與會議的中心內容、團隊當前的重要議題或面臨的問題有關。另外準備 1～5 張短語卡片，每張卡片上的短語都不同。

2. 將短語卡片放到一個沒有做記號的信封裏封好，將它們與其他的信封混在一起，讓每個學員抽出一個信封。

3. 讓學員打開自己的信封，閱讀裏面的短語，然後在房間裏到處走動，向別人介紹自己並重覆那條短語(輕聲說)。當一個人發現另外一個人與他有相同短語的時候，他們就組成一個小組。讓他們在不斷擴充的小團體中持續這個搜尋與介紹的過程，直到絕大多數成員都組

成了六人小組（也就是說，體驗了「六人組」的快樂）。

4. 當除了幾個「孤獨者」之外的所有的人都找到了自己的「六人組」時，你應當裝作驚訝，然後引導整個團隊進行後面的討論。

5. 小提示：如果時間很緊，或是團隊規模較大，可以讓他們組成「三人組」或「四人組」。

◎ **遊戲討論：**

1. 沒有被一個團隊或小組接受，你的感受如何？在你的工作中曾經發生過這樣的事嗎？是有意的嗎？

2. 當你發現別人也有同樣的短語時，感受如何？

3. 為什麼已經組成了團隊的人不去幫助那些被排斥在團隊之外的人？團隊的政策和我們自己的私利是如何阻止我們去包容那些人的？

4. 我們如何去包容那些「走彎路」的人？

5. 這個遊戲對於團隊建設的意義何在？

◎ **遊戲總結：**

1. 這個遊戲讓學員體會團隊的重要性，也向他們展示了團隊產生的前提因素：共同目標和共同語言。這個遊戲模擬了一個簡單的日常生活環境，讓學員們從陌生到認識，從簡單攀談到找到共同點，從素不相識到成為好朋友。在這個過程中，學員會體會到被團體接納的喜悅，也有可能體會被團隊拋棄和排斥的痛苦。

2. 通過玩這個遊戲，可以鼓勵學員更加敞開心扉地接納別人，因為通過玩這個遊戲，他們會意識到作為社會的一分子，離開團隊是不行的。

# *137* 內心交流

◎遊戲目的：

聆聽一首優美的樂曲可以令人心馳神往，獲得美的享受，也能幫助人們回憶起甜蜜和愉快的往事。這個遊戲給學員一個相對安靜的空間和時間，讓學員靜下心來聆聽心底的聲音，深化他們的內心世界，讓每個人都得到釋放，沉浸於無界限的溝通境界。

◎**遊戲時間**：10～15 分鐘

◎**參與人數**：集體參與

◎**遊戲道具**：音樂和音響設備

◎**遊戲場地**：會場或教室或公園

◎**應用**：1. 理解溝通的含義。

2. 強化團隊認同感。

◎遊戲步驟：

1. 將學員帶到一個相對開闊的場地裏，最好是一個公園的草地上，也可以是安靜的會議室裏。讓大家圍成一圈坐下，可以用隨意的姿勢，舒服就好。

2. 讓每位學員將左手置於身邊人的右手之上，以此類推，使大家彼此相連。

3. 讓他們閉上眼睛，開始播放歌曲：My heart will go on

4. 聽完後讓學員互相討論內心的感受。

5. 再讓他們閉上眼睛，再播放一遍這首歌曲。

◎**遊戲討論：**

1. 你曾經以這種方式聽過歌嗎？感覺如何？

2. 在討論內心感受時，大家有什麼共同點嗎？鼓勵每個人都說說，說得越多越好。

◎**遊戲總結：**

1. 如果時間允許，可以重覆幾遍上述過程，讓學員反覆說出自己的感受，鼓勵他們多交流。因為人內心的東西是需要挖掘才可以解讀的，特別是成年人的世界。另外，之所以要反覆多聽幾遍歌曲，是因為人的心境是會變化的，即便是在幾首歌曲之間，人的感情也會發生變化。在不同的情境下面對相同的事物也會產生不同的感受，這個遊戲通過反覆播放歌曲就是讓學員體會這一點。

2. 在討論後大家會發現，每次心境的變化都會找到相像的人，有心人會從這裏總結一些經驗和規律，即有人和自己一樣在經歷著相同的哀思或煩惱，自然就沒有獨自承受時那麼痛了。

3. 團隊之所以存在，是因為大家有共同的目標。隊員的感受相通也會增加團隊的凝聚力，也可以增進彼此的瞭解，化解誤會。聽完歌曲的討論會拉近學員的距離，模糊掉因為背景不同而存在的差異。這對於今後的學習和團隊建設都很有幫助。

# *138* 搖動遊戲

◎遊戲目的：

本遊戲通過讓參與者評價他們在激勵鍛鍊前後的活力水準，來幫助大家認識到在日常工作和學習中，適度地給予員工以各種形式的激勵是非常重要的。

◎遊戲時間：15 分鐘

◎參與人數：集體參與

◎遊戲道具：空地

◎遊戲場地：無

◎應用：1. 激勵員工，提高他們的活力。

　　　　2. 降低員工日常工作壓力。

◎遊戲步驟：

1. 培訓者為所有的參與者準備好活力測量表、放音設備和動感的磁帶或者 CD 唱盤。

2. 培訓者將活力測量表發給所有的參與者。然後讓他們在 1～10 之間為自己的活力打分，最高為 10 分。

3. 接著，用放音設備播放一些有趣的音樂，讓人們原地跑或者原地踏步走(取決於他們的能力)3 分鐘。當他們這樣做的時候，鼓勵他們互相加油。

4. 現在讓學員們等 30 秒鐘左右時間，讓他們重新給自己的活力打分。迅速地計算平均分數，如果你願意的話，可以將這個結果顯示在幻燈片上。平均的活力水準提高了嗎？

最後，說明在一天的工作中做一些簡短鍛鍊的好處。充滿活力的體育鍛鍊可以提高整體的健康和舒適水準，可以作為激勵的動力。

◎遊戲討論：

1. 充滿活力的鍛鍊對你的活力水準有什麼樣的影響？

2. 在工作時間，你有沒有進行充滿活力的鍛鍊？是在工作場所還是在其他地方進行鍛鍊？進行什麼種類的鍛鍊，鍛鍊的次數多嗎？

3. 你應該怎樣把充滿活力的鍛鍊融進自己的日常生活中？

◎遊戲總結：

1. 充滿活力的鍛鍊可以幫助大家提高自己的精神狀態，發揮你的最佳水準，停止拖延；當你精力不濟的時候激發你的活力，減少壓力；克服焦慮和對失敗的擔憂，克服厭煩情緒；激勵員工發揮他們的最高水準，幫助別人杜絕拖延；激勵長期表現欠佳的員工；激勵大型組織中的成員；管理你的壓力。

2. 下面列出一些簡短不費力的鍛鍊項目，這些鍛鍊可以在辦公環境中進行。你可以添加其他學會的鍛鍊，尤其是員工推薦的鍛鍊。

鍛鍊項目：抬膝、散步、原地搖擺身體、騎自行車、彎身跳、划船、呼啦圈、跳舞

活力測量表可以將鍛鍊前後的活力水準記錄下來：

0──昏迷狀態　　2──上氣不接下氣　　4──一般

6──生龍活虎　　8──充滿活力　　　　10──感覺極棒

# 139 缺少一把椅子

◎遊戲目的：

這個遊戲在於激發學員的學習興趣，幫助他們振奮精神，提高學習效果。

◎遊戲時間：3～10分鐘

◎參與人數：集體參與

◎遊戲道具：問題卡片，音樂，象徵性的禮品

◎遊戲場地：不限

◎應　用：1. 對付學員的疲勞感。

2. 幫助學員振作起來。

3. 工作態度激勵。

◎遊戲步驟：

1. 準備一些關於本次培訓課程或有關議題的問題，一張卡片上寫一個問題。

2. 把所有多餘的椅子都搬出去，另外再多搬出一把椅子。

3. 在會議室裏準備出足夠的空間，把每把椅子擺放好。

4. 給學員講一下遊戲規則：在你播放節奏明快的音樂時，讓他們繞著房間走動。20～30 秒後，音樂停止。這時學員會爭搶椅子，給那個因為沒搶到椅子而站在一旁的「幸運兒」一張卡片，請他回答上面的問題。

5. 再搬走一把椅子，遊戲繼續。進行五六個回合。

## ◎遊戲討論：

當大家圍著椅子走動的時候，你是否覺得有壓迫感，不希望搶不到椅子？這種恐懼出於什麼原因？

## ◎遊戲總結：

1. 遊戲結束後，向答題答對者頒發獎品，然後告訴他們，從長遠看，貌似輸家的人其實經常是贏家。這個遊戲告訴學員們，任何事都具有兩面性，正所謂老天不會總捉弄一個人，一個人這件事上吃虧就必定在其他方面佔便宜。這也適用於工作中，努力進取是必須的，但沒必要以此為目的而鑽牛角尖。這樣做不僅失去了工作的樂趣，還會傷害同事的感情，自己也不會快樂。

2. 在這個遊戲中，真正聰明的人並不會緊張兮兮地搶為數不多的椅子，完全可以從容處之。搶到了固然好，搶不到大不了回答一個問題，答對了還可以得到獎品。從一定角度講，這也是一種人生態度——得之我幸，失之我命。

3. 本遊戲只是供活躍氣氛之用，因此可以隨時停止，沒必要在其上花太多時間。因為時間長了，會加大學員爭搶椅子產生的意外風險，那樣的話就得不償失了。另外，如果培訓的主題被這個遊戲搶了，也不是培訓的初衷。

# *140* 偉大的精神力量

◎**遊戲目的：**

本遊戲運用一個很簡單的實例來說明，心理暗示可以引起身體的活動，通過精神的力量來說明給與員工以暗示和激勵的重要性。

◎**遊戲時間：**5 分鐘

◎**參與人數：**集體參與，單獨操作

◎**遊戲道具：**無

◎**遊戲場地：**不限

◎**應用：** 1. 揭示暗示力量的重要性。

　　　　　 2. 給與員工以激勵。

◎**遊戲步驟：**

1. 培訓者首先請與會人員把兩手握在一起，食指伸直，平行，相距一兩英寸。

2. 請他們注視自己的食指，想像有一根繃緊的橡皮筋纏繞在上面。現在開始說話，語速要緩慢，語調要從容：「你能感覺到把你的手指拉得越來越近……越來越近……越來越近……」。至少有一半聽眾會笑，這說明他們已經接受了這個暗示，手指離得近了。經驗表明，有一半到三分之二的人會對這一暗示做出相應的反應。

◎**遊戲討論：**

1. 是什麼促使你的手指移動？

2. 你有沒有見過意識引發行動的其他事例？

3. 那些手指保持不動的人是通過什麼來抵消「橡皮筋」的力量

的？

◎遊戲總結：

1. 實驗證明，強烈的暗示可以改變一個人的心情和行為，長大了有成就的人往往是那些小時候獲得更多的肯定和稱讚的孩子，同樣當你對一個人說他可以的時候，他就會更好地表現，成功的可能性將遠大於你對他說他不行的時候，所以多給你的員工以鼓勵，就會帶給你更好的業績。

2. 這個遊戲可以在大家工作之餘的時候進行，既可以激勵大家的鬥志，同時還可以在博大家一笑的同時，增進彼此之間的感情。

# 141 上課後的休息方法

◎遊戲目的：

這個遊戲有助於發揮學員的最佳水準，當精力不濟的時候激發學員的活力。克服厭煩，幫助別人度過難關，激勵長期表現欠佳的員工，激發團隊的最佳績效，激勵大型組織中的成員，激勵銷售人員，檢驗人們的激勵能力。它讓學員體會到強有力的積極形象可以給人留下強有力的積極的感覺。

◎遊戲時間：15 分鐘

◎參與人數：集體參與

◎遊戲道具：無

◎遊戲場地：不限

◎應用：1. 員工激勵。 2. 自我信心的樹立。

## ◎遊戲步驟：

讓學員閉上眼睛，進入放鬆狀態。接下去，覆述下面的內容，帶他們進入想像之國度：

現在你正舒舒服服地坐著，請仔細聽我的話，我將帶你踏上美妙的旅程。現在只是放鬆，自由地呼吸，心無雜念。集中注意力於我的話和語音。好，我們上路了……

你感到平靜和舒適。聽你自己深長和自如的呼吸……眼睛繼續閉著，身體放鬆，慢慢地感覺週圍的情況。一個美麗的場景正在浮現……你看到了雲柔柔的、白色彩的雲到處都是。你處在天空中，高高在上。你感覺自己在天空中飛翔，瀟灑自如地飛動。在空氣中往前飛的時候，你感到涼風輕輕拂著你。

現在往地面上看。你看到了下面蜿蜒起伏的宏偉青山。遠處，你發現群山後面矗立著一座壯觀的城堡的輪廓。你飛得近了一些，這時你看到這座城堡是由灰色的石頭建成的。你離得更近了，你正盤旋在皇家宮廷的上方，這個庭院週圍遍佈壯麗的紅旗。你有一種預感，預感什麼事情會發生。你接近院子後面城堡的大塔樓，你看到了城堡的牆上裝飾著色彩美麗的玻璃窗。一扇大窗戶是開著的。你從窗戶飛進塔樓，你身下是一個大廳。當你再一次環顧大廳時，你又有了強烈的預感和好奇心。

大廳的天花板有 30 米高，牆上裝飾著各種顏色的大旗。天花板上懸掛著 12 個巨大的枝形吊燈，每個吊燈裏邊有幾百盞燈。下面是一個長長的餐桌，桌子四週的椅子旁邊站著 200 個身著彩裝的人。他們正在慶祝一個重要的日子，祝賀一個偉人。每個人都面向席中的主人，舉起他們手中的高腳杯。這裏流光溢彩、金碧輝煌、麗服盛裝、山珍海味應有盡有。你盤旋在空中，觀看這一盛況，你的興奮感在繼

續增強。

慢慢地，你開始接近宴席的主人——坐在那裏的像帝王一樣的人。200 只酒杯舉向這個人，200 個客人為他讚美和祝酒。隨著祝酒聲越來越大，你最終發現大家都在讚美的那個人是你。你的心因為自豪和激動而劇烈跳動。當祝酒聲變得幾乎震耳欲聾的時候，你已經融入那個軀體，現在你從桌首看著桌子，以及你的讚美者，200 個人向你祝酒。當他們祝酒和鼓掌的時候，你關注他們的臉。自豪和快感溢滿你的全身……

現在慢慢地、慢慢地，保持自豪和滿意的感覺——漸漸地、漸漸地，睜開你的眼睛。

◎遊戲討論：

1. 你對這場想像之旅感覺如何？

2. 以後你能回憶起這個形象嗎？

3. 這個形象對你有多大的幫助？

◎遊戲總結：

1. 注意保持會場的安靜。干擾會使這場美好的旅行大煞風景。這個遊戲可以起到很好的放鬆的效果，因為它使學員張開了想像的翅膀，幫助他們放鬆精神，儘快從疲勞的狀態中恢復過來。

2. 當引導學員想像萬千尊榮集於一身的時候，能夠增強他們的自信心，有助於日後的實際工作。

# *142* 內心的全新領悟

◎**遊戲目的**：

　　境由心造，每個人都會在生活中遇到很多不開心、不順利的事情，但是不要讓這些小小的烏雲遮住你心裏的太陽，保持你的開心和積極向上的心態吧。

◎**遊戲時間**：10 分鐘

◎**參與人數**：集體參與

◎**遊戲道具**：紙筆

◎**遊戲場地**：不限

◎**應用**：1. 對於良好工作態度和學習態度的培訓。

　　　　　2. 員工激勵方法培訓。

◎**遊戲步驟**：

　　1. 培訓者首先發給學員一些小紙條，讓他們在紙條上寫下自己今天不開心的事情。

　　2. 培訓者將這些小紙條收上來，抽出其中的幾張紙條，然後將他們心中的不愉快念出來，這些不愉快可能是下面的幾件事情：我的妻子又在沒完沒了的嘮叨，我的老闆給了我很多我不喜歡幹的事情。

　　3. 然後讓大家寫一些自己認為值得高興的事情，比如我的兒子考了 100 分等等。

◎**遊戲討論**：

　　1. 為什麼我們總是容易被一點小事弄得不開心，而忽略了生活中的很多美好之處呢？

2. 怎樣才能克服負面情緒，更好地投入到工作當中去呢？

◎遊戲總結：

1. 我們常常會羨慕別人，認為別人過的日子沒有煩惱，自己卻總是處於一連串的倒楣事當中，殊不知，人生不如意者十之八九，每個人都會遇到各種各樣的煩惱，關鍵是個人對待它的態度不同，放輕鬆，一切都會很美好。

2. 和平、快樂的心情是成功進行工作和學習的重要前提。

# 143 我有大力氣

◎遊戲目的：

充分的呼氣可以幫助我們克服焦慮和對失敗的擔憂，減小壓力，幫助自己或者別人度過難關。

◎遊戲時間：5～10 分鐘

◎參與人數：集體參與

◎遊戲道具：無

◎遊戲場地：不限

◎應用：1. 消除緊張和不安情緒。

2. 激勵自己和員工。

◎遊戲步驟：

1. 首先，培訓者向大家解釋原理：當我們處理的問題變得棘手時，我們的呼吸常常會變淺，也就是說，我們過分地依賴陳舊空氣。有意識地控制呼吸是控制自己心情的有效方式，確保你不時地充分呼

氣，是保證你血液中氣體混合比例正常的最簡單方法。

2. 接下去，培訓者向大家介紹和演示「兩次呼氣法」。當你使勁將你肺中的空氣呼出的時候，肺裏還殘留著一些空氣沒有呼出，在兩次呼氣法中，我們盡力先呼出全部空氣，在吸入空氣之前，我們再用力地呼氣一次。由於腹部吸進，所以身體這時有點蜷縮。但這樣做的意義在於重新調整呼吸系統，從而讓你不再依賴陳舊空氣。讓大家開始做。

3. 最後，給大家增加一些趣味，讓他們唱《大力水手歌》，當歌曲出現「噗噗」節奏時，做「兩次呼氣」。把歌唱上幾遍，伴隨著拍手、做手勢以及身體活動。基本的歌詞如下：

我是大力水手波普耶，（噗噗）

我是大力水手波普耶，（噗噗）

我是最強壯，

因為我吃了菠菜，

我是大力水手波普耶！（噗噗）

◎遊戲討論：

1. 依賴陳舊空氣的危害是什麼？淺呼吸的危害是什麼？過深吸氣的危害是什麼？

2. 在什麼樣的場合下，你更有可能不適當地呼吸？你應如何利用兩次呼氣法作為快速的矯正措施？

3. 兩次呼氣要多長時間？你會在一天中的那個時候用它？

◎遊戲總結：

1. 現代人面對各種各樣的壓力，而無法放鬆自己，由此產生了很多各式各樣的都市病，產生了很多社會問題，其實有時候只要學會適當的放鬆自己，沒有什麼事情是真正大不了的，也沒有什麼焦慮是過

不去的,關鍵是看你肯不肯去深呼吸一下。

2. 對於個人來說,焦慮和緊張是有害的,對於企業來說同樣如此,如果一個企業的員工經常處於一種焦慮不安的情緒下,她是無法進行正常的生產和營業的,所以如何使自己的員工隨時保持鬥志昂揚的狀態也是每一個主管應該注意的問題。

 # 144 停下來看一看腳步

◎遊戲目的:

你有沒有停下腳步看看你身邊的風景?有沒有忽略了你身邊的人或事?而由於這些不經意的忽略,是否讓你失去了很多生活中美好的東西呢?

◎遊戲時間:10 分鐘

◎參與人數:集體參與

◎遊戲道具:不限

◎遊戲場地:手錶

◎應用:1. 舒緩壓力。

2. 激發人們對於生活和工作的熱情。

◎遊戲步驟:

1. 培訓者可以問一名與會人員,你是否可以借用一下他的手錶。

2. 然後跟他說,你想試試他的記憶力,讓他關於自己的錶回答幾個問題:

(1)這塊錶是什麼牌子的?

⑵錶盤是什麼顏色的？

⑶上面是有 12 個數字嗎？

⑷有沒有日期和星期的顯示？

⑸有沒有秒針呢？

3. 看看他能有幾個問題回答正確，並問一下在場的所有與會人員，如果讓他們做這個遊戲，他們中有多少人能夠回答正確。

◎遊戲討論：

1. 你們當中有多少人能夠清楚地回答出這些問題？這些人都有著什麼樣的共性？

2. 對於日常生活來說，你是一個觀察入微的人嗎？

◎遊戲總結：

1. 你是否會有這樣的一種感覺，明明很熟悉的東西，原來自己並不知道它的真實相貌如何，明明很熟悉的一條路，但讓你為別人指路，你卻不知道如何描述，這些都是我們忽略了眼前的風景的結果。

2. 在生活中，時常地停下來享受一下生命，你會發現生命原來很美好；停下來關心一下你的家人，你會被這份親情所感動；停下來審視一下你的工作與同事，你會發現原來工作並不討厭，你的同事也不是那樣的面目可憎；停一下，你就會發現一切都不一樣了。

**145** 消除你的緊張

◎**遊戲目的：**

你緊張嗎？你有壓力嗎？你是不是會在工作中覺得焦慮和灰心？當你面對難關的時候你會怎麼做？下面的遊戲將幫你克服這些負面情緒。

◎**遊戲時間：**5～10 分鐘

◎**參與人數：**集體參與，單獨操作

◎**遊戲道具：**不限

◎**遊戲場地：**無

◎**應用：** 1. 緩解壓力，克服焦慮和負面情緒。

2. 激勵自己，激勵別人。

◎**遊戲步驟：**

1. 培訓者首先向參與者解釋「清肺呼吸」的基本知識：

首先，我們要深吸氣——實際上，我們只是盡力吸入一大口空氣。其次，我們要屏住這口氣，慢慢地從 1 數到 5。最後——這是精華部份——我們要很慢很慢地把氣呼出，直到完全呼盡。在我們這樣做的時候，我們將掃除我們體內的緊張。

2. 現在示範清肺呼吸，然後讓參與者做兩三次這樣的呼吸。問一下人們對清肺呼吸感覺如何。大多數人將會說他們感覺放鬆多了。

3. 最後我們可以就在日常生活中怎樣運用清肺呼吸來克服影響激勵的因素展開討論。

◎遊戲討論：

1. 在工作過程中你願意做清肺呼吸嗎？為什麼？

2. 在什麼樣的場合下，清肺呼吸對你是有用的？在什麼樣的場合下，你不願意進行這樣的清肺呼吸？

3. 作為壓力管理技巧，清肺呼吸的優點、缺點各是什麼？

◎遊戲總結：

1. 深呼吸可以幫助我們最大程度地放鬆自己，停止拖延，減小壓力，幫助我們克服焦慮和對失敗的擔心；幫助別人停止拖延；幫助別人度過難關；激勵長期表現欠佳的員工。

2. 當我們在家裏的時候，清肺呼吸也是有用的。不要吝嗇，深深呼吸一下早晨的空氣，讓神清氣爽的呼吸成為你早晨快樂的開始，為一天的工作做好準備吧！

 **146 用色彩激勵你自己**

◎遊戲目的：

從這個遊戲中學員將學到：顏色能極大地改變情緒和活力。通過玩這個遊戲，可以發揮你的最佳水準，當精力不濟的時候激發你的活力，克服無聊。激勵學員發揮他們的最高水準，激發團隊績效，幫助團隊設立和實現目標，激勵大型組織中的成員，激發學員的創造性，設計激勵環境。

◎遊戲時間：5～10 分鐘
◎參與人數：集體參與

◎**遊戲道具**：彩色紙卡，信封

◎**遊戲場地**：不限

◎**應用**：1. 工作方法改進。 2. 員工激勵。

◎**遊戲步驟**：

1. 每個參與者需要一個內裝彩色紙卡(13 平方釐米大小)的信封，用裁紙機可以很容易製作這種彩色紙卡。每一套材料都是相似的，裏邊含有八個紙卡：黑色的、白色的和六個基本的彩虹色(紫、藍、綠、紅、橙、黃)。它們可以事先存放好，用的時候再裝在信封裏分發。

2. 提醒參與者，合理設計的工作場所可以創造活力感，可以提高工作效率。研究表明，我們週圍的顏色——牆的顏色、傢俱的顏色等對情緒和表現有顯著的影響。色調(顏色)和強度(亮度)也會造成影響。一般來說，強光會造成人們更有活力和反應，像紅和黃暖色那樣(這個規律也有例外，不同的人對不同的光有不同的反應)。合理地利用光有助於創造一個有利於集中注意力學習和激勵的氣氛。

3. 分發彩色紙卡信封，讓每個人按照激勵效果從最強到最差的順序進行排序。用舉手的方法確定那一種顏色被認為是激勵效果最強的，還要決定那種顏色是激勵效果最差的。

最後，展開一場討論，討論應怎樣設計或者改進工作環境，從而可以增加活力，激勵員工和提高績效。

4. 這個遊戲還有一些其他的玩法：帶一盞燈和幾個彩色的燈泡到訓練房。熄滅房間的燈光，然後用你帶的藍色、紅色和其他顏色的燈泡照亮房間。讓人們說出他們對不同色彩的反應。

如果時間充足，將參與者分成四五人的小組，給每個小組 15 分鐘來為他們的工作環境設計理想的色彩安排。從某些小組中或者所有

的小組中找一個代表，向所有的人彙報自己小組推薦的設計方案。

自我操作，自己將彩色紙卡進行排序。然後裝飾你的家或者工作場所，以獲得你需要的活力或者平靜。

◎遊戲討論：

1. 當你需要被激發活力的時候，那一種顏色可以激發你的活力？

2. 是否有一些顏色、內容和形式讓你感到壓抑？有使你放鬆的嗎？

3. 我們應該怎樣幫助那些顏色偏好與常人不同的人？

4. 將工作場所用激勵活力的顏色裝飾起來的優點和缺點是什麼？完全用柔和的色彩呢？

5. 你現在工作場所的色彩怎樣影響你的情緒和績效？你應怎樣改進顏色的安排？

◎遊戲總結：

1. 據科學發現，色彩對人的情緒影響很大。許多人對因為今天穿了一件她不喜歡的顏色的衣服而悶悶不樂，從而影響她的工作。更普遍的是，辦公室裏裝飾的顏色對一個員工的影響更明顯，試想一個人每天在他不喜歡的顏色中工作，是很難激發熱情的。

2. 作為公司的管理者，如果夠細心的話，也應該注意一下員工的工作環境，使環境的色彩搭配和設計更合理。另外，每家大公司都喜歡為員工設計服裝，以體現這個集體的向心力，那麼下次設計時，請聽聽員工的意見，起碼選一種他們普遍接受的顏色，否則他們還是會像以前一樣羞於穿這種衣服出門的。

# *147* 音樂可以調節心理

◎**遊戲目的：**

這個遊戲讓學員體會到週圍環境對人身心的影響，使他們懂得一些緩解壓力、自我調節的方法。同時，這個遊戲還可以緩解緊張的學習氣氛，幫助學員從枯燥的學習中解脫出來。

◎**遊戲時間：**1 個小時

◎**參與人數：**集體參與

◎**遊戲道具：**音響設備，樂曲 CD

◎**遊戲場地：**不限

◎**應用：**1. 員工激勵。 2. 自我治療。

◎**遊戲步驟：**

1. 讓學員以最舒服的姿勢坐下，發給他們每人一張紙和一支筆，告訴他們，接下來你將為他們播放幾段樂曲，請他們把對每支曲子的感受和身體反應記錄下來。（記住，不要播放那些大家耳熟能詳的樂曲，因為那樣學員會產生慣性思維；流行歌曲也是不可取的。）

2. 然後讓大家就這些曲子和具體的感受展開討論。

◎**遊戲討論：**

1. 在這些樂曲中，你最喜歡那一支？為什麼？

2. 你的同伴裏有沒有和你感覺相似的？這說明什麼？

◎**遊戲總結：**

1. 我們很多人都有這樣的情緒體驗：當聽到雄壯激昂的進行曲時，受到激勵和鼓舞，往往因之而熱情奔放，鬥志昂揚。而當聽到雄

渾悲壯的曲子時，悲哀、懷念之情就會湧上心頭。其實，音樂對人的生理與心理的調解作用早已被古代人所注意。古希臘人已認識到音調對不同人的情緒影響是有差異的。例如，當時認為 A 調高揚，B 調哀怨，C 調和愛，D 調熱烈，E 調安定，F 調淫蕩，G 調浮躁。古希臘著名哲學家與科學家亞裏斯多德最推崇 C 調，認為它最宜陶冶青年人的情操。

2. 據研究，音樂對人體能夠產生鎮靜、鎮痛、降壓、安定、調整情緒等不同效能。音樂能夠顯著地提高人體痛閾，證明音樂確有鎮痛作用。能引起人愉快與舒適情緒的音樂，能夠改善與調整人的大腦皮層與邊緣系統的生理功能，從而調整了人體內部器官的生理功能，使音樂具有治療作用。

3. 在使用音樂自我治療時，還要注意考慮到自身的個性心理特點與音樂愛好程度等，因為這些因素對療效有一定的影響。只有根據自身特點與音樂愛好的特點，精心選擇適當的音樂，才能收到較好的效果。

# *148* 檢討你的習慣

## ◎遊戲目的：

告訴人們他們養成了多少習以為常、最後導致下意識的習慣。展示給大家看，其實不使用習以為常的方法一樣可以達到目的，甚至效果更好。說明陳規陋習會阻礙我們採取新的行為方式，並有所突破。所以，只有打破陋習，才能談得上發展。

◎遊戲時間：5～10 分鐘

◎參與人數：1～4 人一組

◎遊戲場地：不限

◎應用：更正人們習慣性的錯誤動作或行為。

◎遊戲步驟：

1. 要求一位或更多學員站起來脫掉他們的外套,比如西裝、風衣或者夾克。

2. 讓其重新穿上,並要求他們在穿外套的時候注意自己先穿那只袖子。

3. 然後,讓他們再重新脫下外套,並再重穿一遍,但注意,這次要先穿另外一隻袖子。

4. 觀察這些人的表現。

◎遊戲討論：

1. 當你穿外套時顛倒了穿衣的次序,會有什麼表現?自己感覺如何?旁觀者的感覺又是如何的?

2. 顛倒了習慣的穿衣次序通常會使人顯得笨手笨腳的,但是先穿那只袖子是否有好壞之分呢?

3. 是什麼阻礙了我們去運用新的行為方式?我們應該怎麼做才能不讓舊的行為方式影響我們呢?

◎遊戲總結：

1. 人都有惰性,喜歡幹擅長的事情,不喜歡幹不擅長的事情。因為幹擅長的事,他們可以如魚得水,而不擅長的則往往讓他們感覺丟臉。但實際上,你所習慣的並不一定是最好的,而因為它是你所習慣的,你就放棄了尋找最優的路徑。

2. 有一個討論是關於新手和專家那一個更能創造出業績來。其中

有一個支持新手的理由就是新手由於沒有多少舊有的知識,所以他就更不會被舊有知識所局限,可以天馬行空地發揮其想像力,反而容易做出成績,而對於專家,他所看到的就是他所熟知的,他所熟知的卻往往是他最容易忽略的。

　　3. 嘗試一下刻意的改變,你會發現改變以後的做法同樣有效,甚至比以前更好。嘗試去挑戰自己,做一些自己不擅長的事情,你會發現這樣更能提高自己。總之,在做每件事情之前,都要問自己這是否是最優的解決方法,而不是說這是否是最為熟知的。

# 149 傳遞接力棒

◎遊戲目的:

1. 培養學員的創造能力。

2. 讓學員體會到團隊溝通和協調彼此間意見的重要性。

◎遊戲時間:大約 10 分鐘

◎參與人數:5～7 人一組

◎遊戲道具:每組一個接力棒(任何可傳送的東西都可以,比
　　　　　　如花)

◎遊戲場地:不限

◎應用:　1. 培訓創造能力。

　　　　　　2. 培養學員的團隊精神。

◎遊戲步驟:

1. 講師要發給每一組一個接力棒,這個接力棒只能在本組組員之

間傳遞。

2. 規則：不能將接力棒傳給自己緊鄰的隊員，每個組員應該至少接到接力棒一次，並且要保證接力棒最終要傳到發棒者手中。

3. 記錄每組完成一次傳遞的時間，在最短時間內完成的小組獲勝。

◎遊戲討論：

1. 在傳遞的過程中，大家各抒己見，但最後都必須歸結到一個統一的傳輸路徑，而在此過程中，是否會有人充當領導者的作用，這個角色重要嗎？

2. 在組員之間相互協調並找到解決方法的過程中，你是否感覺到了團隊的重要性？

3. 第一次比賽結束，如果知道別的組獲勝你會有什麼感覺？

◎遊戲總結：

這個遊戲考查了學員的創新能力和領導能力。以這種不同尋常的方式傳遞接力棒，一定需要開動腦筋尋找與眾不同的方法來解決。而最重要的一步就是先選出一個領隊人，由他來部署學員、實現小組的智慧，這樣做才是最有效率的。

心得欄 _____

_____

_____

_____

_____

_____

# 150 學員要應答自如

◎遊戲目的：

在巨大壓力的情況下，腦力激盪的辦法會讓大家的創造性得到良好的訓練。

◎遊戲時間：15 分鐘

◎參與人數：4 人一組

◎遊戲道具：無

◎遊戲場地：不限

◎應用：1. 創造性解決問題能力的訓練。

　　　　2. 應變能力的訓練。

　　　　3. 培訓、會議前活躍氣氛使用。

◎遊戲步驟：

1. 將每 4 個人組成一個組，在組內任意確定組員的發言順序，兩個組構成一個大組進行遊戲。

2. 讓小組確定的第一個志願者出來，對著另一個組喊出任何經過他腦子的詞，比如：姐姐，鴨子，藍天等等任何詞。

3. 另一個小組的第一個志願者必須對這些詞進行回應，比如：哥哥，小雞，白雲等。

4. 志願者必須持續地喊，直到他不能想出任何詞為止，一旦你發現自己在說「哦，嗯，哦⋯⋯」。你就必須宣告失敗，回到座位上，換你們小組的下一位上。

5. 那個小組能堅持到最後，那個小組算獲勝。

◎遊戲討論：

這種給大腦巨大壓力的做法對於你思考問題是否有幫助？

◎遊戲總結：

1. 本遊戲的關鍵是要學員在一個快速、緊張的氣氛下進行，一旦有人回答速度變慢，開始有「嗯，哦」出現，立即宣佈他被淘汰了，判其離場，這樣才能保證遊戲的成功。

2. 你會發現在大腦短路的同時，你可能會有了一些以前連想都沒想過的想法，而說不定就是這些想法可以幫助你更好的解決問題，所以這個遊戲可以用於需要成員發揮想像力的熱身運動，讓大腦迅速地活躍起來。

# 151 相互推擋遊戲

◎遊戲目的：

作為搭檔應如何處理工作中彼此的合作關係呢？謙讓和競爭的度應怎樣掌握呢？這個遊戲通過輕鬆和形象的方式為學員提供了啟示，相信善於總結的人會從中體會到與搭檔相處的方法，得到無限啟發。

◎遊戲時間：10 分鐘

◎參與人數：2 人一組

◎應用：1. 工作技巧。

2. 創新能力。

3. 人際衝突的處理。

◎遊戲步驟：

1. 把學員兩兩分組，讓他們相視而立，彼此相距兩臂。

2. 指定一人為甲，另一人即為乙。每人都伸出手臂，十指張開，與搭檔的手抵在一起。

3. 請他們用相等的力量去推搭檔的手。甲會在幾秒鐘後將手撤回，無須事先通知搭檔乙。

4. 重覆此遊戲，下次換作乙撤回手掌。

◎遊戲討論：

1. 當你的搭檔撤回雙手時，你有何感覺？是否希望搭檔的手能再次支撐住你？

2. 有多少人因為搭檔撤手而向前栽倒？問問那些沒有栽倒的人，當時他們是怎麼想的？

3. 這個遊戲是因為一方撤力而使對方受苦，能否想出一些事例是因一方撤力而使對方獲益的？

4. 在何種情況下我們應該「推」？又在何種情況下我們應該「讓」？

◎遊戲總結：

1. 這個遊戲看似是搭檔雙方互相算計，但實際上卻真實地體現了現實中的合作關係的精髓。作為搭檔，彼此之間競爭和謙讓都是存在的，那麼該怎樣處理這兩者的關係以使合作雙方的利益最大化呢？這個遊戲是一個很好的啟示。

2. 同時，也讓學員體會到了搭檔的重要性，會讓他們珍惜搭檔對自己的扶持，在工作中會更加願意與人合作。

# *152* 你的車往那開

◎**遊戲目的**：

看問題的角度及深度不同，得出的結論也不盡相同。有時候對一個問題想得太多而不敢匆忙下結論未必是件好事，所謂簡單一點可能會創出新天地。換句話說，遇到事情從另外的角度去考慮，會受到意外的效果。

◎**遊戲時間**：2 分鐘
◎**參與人數**：集體參與
◎**遊戲道具**：幻燈片
◎**遊戲場地**：教室
◎**應用**：1. 觀察力　2. 創新能力。
◎**遊戲步驟**：

1. 讓學員看下面的幻燈片，讓他們用第一直覺告訴培訓者，途中的公共汽車的行駛方向是怎樣的。

圖中有輛公共汽車，A 和 B 兩個汽車站。請問，公共汽車現在是要駛向 A 車站呢，還是駛向 B 車站？

2. 反應快的學員幾秒鐘就能說出答案，培訓者應請他講一講分析思路是什麼。

◎遊戲討論：

1. 你得出正確答案了嗎？如果你失敗了，原因是什麼？

2. 當做對的人講述思路時，你是否因為他的思路太簡單而不屑於聽？可為什麼有如此簡單思路的人卻是第一個做對的人呢？

3. 迅速做對這道題的人，在平時具有那些性格特點？他從事什麼行業？

◎遊戲總結：

1. 其實解題思路很簡單，只需要常識就夠了。但是大多數人會想得很複雜，試圖從汽車的描畫上甚至是等車人的表情上得到答案，殊不知這些都是迷惑人的假像。這些人太注視主觀因素和週圍環境了，卻忽略了問題的本質。即無論汽車往那邊開，它的結構是不會變的。

2. 這個遊戲的啟示是，思維縝密是很好的，但遇到事情要知道變通。這個遊戲既然要求在幾秒鐘之內完成，就不可能需要仔細的觀察和分析，這時第一直覺才是最重要的。對於那些習慣於三思而行的人來說，這個遊戲可算是一個小小的警示吧。

◎答案：

圖中的公共汽車是從 B 開往 A 站，因為車門總是在汽車的右側。

# *153* 語言的接龍遊戲

◎**遊戲目的**：

本遊戲旨在讓大家在快速應對的過程中，積極地開動腦筋，發揮想像力。

◎**遊戲時間**：20 分鐘

◎**參與人數**：集體參與

◎**遊戲道具**：球或者花之類的東西

◎**遊戲場地**：不限

◎**應用**：1. 創造性思維的訓練。

2. 對於應變能力的培養。

◎**遊戲步驟**：

1. 讓你的學員們圍成一個圈，然後開始第一輪遊戲。

2. 第一輪：

(1)大家要將手裏的球傳給下一個人，同時要說一個短語，例如白白的雲彩，灰色的樓區，奔馳的火車等，短語與短語之間沒有必然的聯繫，但一定要快。

(2)讓他們保持這種一邊傳球一邊說短語的方式，直到確信每個人都熟悉了這一過程。

3. 第二輪：

(1)再次做上面的遊戲，但是這次有一個規則：他們的短語一定要與上一個短語有聯繫。就是說，一個人一邊拋出球一邊說出一個短語，另一個人接住球的同時要說出另一個短語，且必須與前一個有

關。比如「奔馳的火車」－「撞了車」，「白白的雲彩」－「在空中飄蕩」，「丁香般的姑娘」－「在那迷人的雨巷」。

(2)按照這種方式進行下去，如果有人沒有迅速答上來就算輸，可以讓他站到圓圈中間來表演節目。

◎遊戲討論：

1. 自由地說出短語和接著對方的話往下說對於你來說，那個更容易一些？

2. 如果你只是注重對你的同伴的回應而不注重你自己的表達，那你是否還算達到了遊戲的目的？

3. 隨著遊戲的進行，你是否會覺得自己的能力有所提高？

◎遊戲總結：

1. 會有一些人始終覺得這個遊戲很難，這主要是因為他們想讓自己表現得更為聰明，他們想讓自己說出來的短語更幽默、更有詩意或更加不同尋常。但是刻意地追求創造性反而會讓創造性擦肩而過。

2. 不要擔心自己是不是有新意，只要隨口說出最早溜到你嘴邊的話，事實上可能往往是這種話更能獲得大家的滿堂彩；對於你的上家的短語給予積極的回應，同時更隨意的說出你自己的短語，你會發現真正的創造性的樂趣所在。

# *154* 畫一個三角形

◎**遊戲目的：**

現實生活中會有很多因素影響我們對於一件事情或者一個人的正確判斷，這個遊戲將幫助大家學習如何通過排除不相關的事物只著眼於相關的依據來評判事物或人物的方法。

◎**遊戲時間：**10 分鐘

◎**參與人數：**集體參與，單獨操作

◎**遊戲道具：**紙筆，畫好三角形的圖

◎**遊戲場地：**教室

◎**應用：** 1. 打破思維的局限性。

2. 創新能力的訓練。

◎**遊戲步驟：**

1. 培訓師將附件中所示的圖表發給學員或用投影儀展示給全體學員看。請大家判斷一下這個點的位置是：

(1)更靠近三角行的頂部。

(2)更靠近三角行的底部。

(3)在三角形底部和頂部的中間(正確答案)。

2. 給學員一張白紙，上面已繪有一個空白的三角形。請大家在三角形的頂部和底部的正中間畫一個點。然後展示一張正確的樣張，請大家用直尺來核對自己所畫的正確性。

排版注意：將網站的名字刪掉。

◎遊戲討論：

1. 為什麼有些人所畫的點會錯位？（可能的原因：受到了三角形的兩條斜邊的影響）為什麼有些人畫對了？（不看斜邊而只看底部和頂部來進行判斷）

2. 這個遊戲是否說明了在現實生活中我們所設想的往往也會有所偏差？

3. 我們如何才能克服或防止這種情況的發生？

◎遊戲總結：

1. 我們每個人在看事情的時候都會受到很多因素的影響，無論是心理的還是生理的，理智還是不理智，這些影響都會讓我們的判斷發生偏差。如何掙脫現有思想、概念的束縛去看待問題，是我們充分發揮想像力的關鍵。

2. 只有掙脫了舊的思想的束縛，才可能想出更多更好的主意，而不會因為惰性，而不能再有所進取。這就是為什麼往往是新人容易做出成績的原因。

附圖：

設 A 為頂點，BC 為三角形的底邊

# *155* 換位思考

◎遊戲目的：

本遊戲的目的在於提高學員的合作與溝通能力，同時也促進他們的工作和思考方式更趨向於開放化。

◎遊戲時間：15 分鐘左右

◎參與人數：將學員分成兩組

◎遊戲道具：紙和筆

◎遊戲場地：教室或會議室

◎應用：1. 溝通與合作。

2. 改進工作方法。

◎遊戲步驟：

1. 將學員分成 2 組，然後佈置給這兩個組同一個問題，讓他們各自討論，然後提出解決辦法(這個問題應該有一定難度，即不能很快解決)。

2. 大概過 5 分鐘之後，培訓者從兩組裏隨意挑選一人進行交換。即從第一組選出的人去第二組，從第二組選出的人去第一組。然後接著討論。

3. 如果再過 5 分鐘這個問題還沒有解決，再選另外兩個人進行調換。直到問題解決為止。

◎遊戲討論：

1. 對於中途換來的人，作為本組成員，你們是歡迎還是反感？為什麼？

2. 當有新成員融入集體中時，你們是否覺得交流受阻了？

3. 作為被換走的人，進入新集體後，你是怎樣博得新同伴認同的？

◎遊戲總結：

1. 人是社會的一份子，因此必須要學會與他人相處，這不僅包括與他人關係融洽或者善於合作，還包括能夠容納不同團體的人的意見和想法，能做到這一點是很不容易的。對於新來的夥伴，老成員總會花一段時間去觀察他，看看這個人是不是會和他們一夥。那麼，在這個短時間的遊戲裏，對這些老隊員來說是沒有這個時間的，因此對他們來說考驗更大。

2. 作為中途融進一個集體的人來說，應該理解那些所謂的老隊員的行為，因為無論怎麼說，你的介入肯定會給他們帶來不便。比如這個遊戲裏，新隊員進入後對已經討論的東西一無所知，那麼作為老隊員就必須花時間為他作介紹，這也是費時費力的。

3. 事物都有兩面性，新隊員的介入固然會給討論增加難度，但從另一個角度想，他也帶來了新的想法。這一點是溝通的根本目的。另外，在給新隊員介紹時，全隊有了一次重新審視自己的機會，更容易發現錯誤。因此，作為合格的溝通者就要具有這種「海納百川」的器量，隨時歡迎新思想的挑戰，並能在第一時間消化吸收。

# *156* 做的更好

◎遊戲目的：

讓學員深刻地瞭解，無論現在表現得多好，他們還能做得更好。

◎遊戲時間：10 分鐘

◎參與人數：選幾名志願者

◎遊戲場地：教室或會議室

◎應用：1. 創新能力培養。

2. 激勵學習精神。

3. 思維拓展。

◎遊戲步驟：

1. 讓一個志願者走到房間的一邊。請他伸展一個手臂，盡可能地去觸摸牆的高處。準備好幾種估算他們的指尖所能達到的高度的方法。

2. 然後讓志願者再次伸展手臂，並且竭盡全力、去觸摸盡可能高的地方。注意指尖伸展的地方總是會不斷的增高的。

3. 告訴學員們，10%的提高在一個棒球運動員身上體現出來的效果——舉例來說——擊球更多、上壘更多、失誤更少。

4. 再換一個志願者來試試。

◎遊戲討論：

1. 在開始做一件新的或不同的事情時，我們有什麼憂慮？

2. 我們團隊的表現能再提升 10%或更多嗎？在那些方面提升？

3. 當我們強調工作表現提升 10%的價值時，我們其實在向公司或

是顧客傳遞怎樣的信息？

4. 通過什麼方法可以知道我們對於自己的精力和才智還有所保留？

◎遊戲總結：

1. 我們總說人的潛力是無限的，可是在工作中我們卻很少真正的意識到這一點。以這個例子來說，每個志願者一開始都不會相信自己的手臂可以不斷地慢慢伸長，與其說是精神的力量，倒不如說是潛能的發揮。

2. 同理，我們也要儘量避免被現有的思維模式限制住，認為一些解決不了的事情就永遠不可能解決。只要我們堅持不放棄並且不停的探索，總會有所收穫的。

# 157 拴馬的方法

◎遊戲目的：

這個遊戲本身沒有多大的意思，純屬語言技巧的運用。但是通過玩這個遊戲可以拓展學員的思路，幫助他們開拓思路並改進工作方法。作為課間或開學第一課使用還是可以的，可以起到活躍氣氛和激發學員興趣的目的。

◎遊戲時間：5 分鐘

◎參與人數：集體參與

◎遊戲道具：紙和筆

◎遊戲場地：教室

◎**應用**：1. 拓展思維。

2. 培養創新精神。

3. 工作方法改進。

◎**遊戲步驟**：

1. 培訓者問學員一個問題：「現在我有一個難題需要大家幫忙，只是一道簡單的算術題，卻把我給難住了。」這時，可能有的學員會笑，那麼你的目的就達到了。接著說：「一六三棵樹，拴 10 匹馬，每棵樹上只許拴單數的馬，而不可以拴雙數的，請問該怎麼個拴法？」（一定用嘴說，切勿寫在紙上給大家看）

2. 給他們一些時間，並告訴他們，可以用筆算或者畫圖，就是不可以討論。

3. 過一會問結果，你會發現沒有人的答案是完全正確的。

4. 公佈答案：「剛才我說『一六三棵樹，拴 10 匹馬，只許拴單不許拴雙。』現在誰願意上來將我這句話寫下來？」上來的人一般都會寫成「一溜三棵樹」，而實際上，要解除這道題，他們應該聽成「一六三棵樹」。這樣的話題就解開了，「一六三」加起來正好是 10，每棵樹上拴一匹馬正好。

◎**遊戲討論**：

1. 解不出題時，你是否試著從樹的數量上找原因？

2. 對於培訓者公佈的方法你是否信服？

◎**遊戲總結**：

1. 很多人都對這個遊戲很不屑，認為是很無聊的東西。的確，這個遊戲是跟大家玩了一個文字遊戲，混淆了大家的視聽，但是確實有它的意義所在。

2. 學員們的解題思路一般都圍繞這 10 匹馬展開，比如想出將一

匹馬的韁繩拴在另一匹馬的尾巴上來滿足題目條件等等。可是很少有人能想到從樹的數量上找原因。這是因為大家一聽到「一六三棵樹」就會習慣的認為是「一溜三棵樹」,並堅信不移,然後就鑽進套套裏了。所以說,面對問題時不要被固有思維限制住,要懂得換個角度看問題。

　　3. 工作也是這個道理。一件很棘手的任務,卻必須在規定時間內完成,怎麼辦?找上司求情不做了嗎?顯然不可能,這時就需要我們開動腦筋,儘量找出解決辦法。對於那些實在不可能按常規解決的事情,不妨破格尋找次優方法,總之先解決了再說,說不定還會受到上司的表揚,畢竟你解決了問題。

 **158** 設法難倒你

　　◎遊戲目的:

　　通過玩這個遊戲可以拓展學員的思路,幫助他們開拓思路並改進工作方法。作為課間或開學第一課使用還是可以的,可以起到活躍氣氛和激發學員興趣的目的。

　　◎遊戲時間:5分鐘
　　◎參與人數:集體參與
　　◎遊戲道具:和人數相等的火柴
　　◎遊戲場地:教室
　　◎應用:1. 拓展思維。　　2. 培養創新精神。
　　　　　　3. 工作方法改進。

◎遊戲步驟：

1. 發給每個學員 8 根火柴，要求他們在最短的時間內用這 8 根火柴拼出一個菱形。要求菱形的每個邊只能由一根火柴構成。拼出的人舉手示意培訓者。

2. 培訓者在旁觀察每個人的方法是否相同，最後選出最快且合乎要求的學員，給予一定獎勵。

◎遊戲討論：

1. 請那些做出來的學員講講他們的思路是怎樣的？

2. 那些沒做出來的學員，你們失敗的原因是什麼？

◎遊戲總結：

1. 答案其實很簡單，用八根火柴拼成一個菱形的方法就是分別用它們拼成「一個◇」，數一數它們的筆劃，正好是橫平豎直的八畫，而這八畫正好可以由那 8 根火柴代替。

2. 培訓者應該統計出做對者的數量，一般來說，能做出來的人不多。至於原因，大概都是沒有想到「一個」也可以表示出來，這樣自然就不知道剩下的 4 根火柴放那裏了。而那些做出來的人，可能有兩種可能。一種人平時就表現得很靈活，一件事情可以從好幾個角度分析，一個問題可以用好幾種方法解決；另一種人就是所謂的「直心眼」的人，這種人對別人的話很信任，不會加進自己的想法，別人說一就是一。所以他們聽了培訓者的話就不會多想，簡簡單單的就把題做出來了。

3. 對於其他的人，當時頭腦靈活一點的話是可以做出來的。他們應該這樣想，菱形只有四個邊，又不許每邊使兩根火柴，那麼一定還有別的什麼地方需要火柴。這時只要稍微再把題想一遍，就會發現竅門所在了。

# *159* 你聯想到什麼

◎遊戲目的：

通過玩此遊戲可培養學員的創造力，讓他們學會堅持，在平常的工作和學習當中讓自己的創造能力不斷得以提升。

◎**遊戲時間**：5 分鐘

◎**參與人數**：集體參與

◎**遊戲道具**：題板，白板或幻燈儀

◎**遊戲場地**：室內

◎**應用**： 1. 訓練創造能力。

2. 激勵員工創造性的解決問題。

3. 活躍氣氛。

◎**遊戲步驟**：

1. 讓受訓者隨意提出一個他們需要實現的目標，比如「下個季的銷售額超過對手」之類的。

2. 把目標寫出來，最好不要按規則排列，否則會影響受訓者拓展思路。

3. 讓受訓者隨意說出他們想到的關於這個目標的任何詞。不求新穎，只要求簡單的把想法與大家分享。

4. 大家說完後，把這些詞統計一下，選出大家最感興趣的幾個，將它們寫在另一張題板紙上。

5. 重覆第三、第四步 3～4 次，不斷提醒大家圍繞最初的目標隨意的聯想，直到找出真正合意的答案，或是一個新穎且與此目標有關

的想法。

◎ **遊戲討論：**

1. 每個玩過這個遊戲的人都承認它很有效，可是你能說出原因嗎？

2. 為什麼大多數人只能想出幾種非常類似的想法，而真正新穎的想法卻產生於少數幾個人呢？

3. 關於創新，你學到了什麼呢？你是一個有創造性和創新精神的人嗎？

◎ **遊戲總結：**

1. 像做其他事情一樣，當你刻意追求某種效果時往往會失敗。當某人提出有創造性的想法時，他們本身並沒有刻意追求新穎或創新！實際上，許多好想法都是從那些並不新穎的想法中脫離出來的，許多了不起的想法也都來源於普通事物。對待這種有創造力的人，如果你向他們施壓，讓他們一個接一個地提出新穎的想法，他們會倍感壓力從而才思枯竭，可見新穎和創新並不可以刻意追求。

2. 這個遊戲剛開始時可能會遇到一些困難，因為大多數人認為自己的創造力有限。這時可以利用一些手段緩和氣氛，例如用一種幽默的方式開始，幫助受訓者建立信心。

3. 很多人之所以想不出新穎的想法，是因為他們沒有堅持，他們過早的放棄了。他們不知道，新穎的想法產生於無數「平庸」想法之後。

千萬不要打斷其他人的思路，或輕率的對別人的想法做評論。當聽到一個看似可笑的想法時不要否定，試著跟著這個感覺走，沒準最後的答案就在那裏等著你們。

# *160* 想出一個好主意

◎**遊戲目的：**

為學員提供一個分享思維的機會，大家各抒己見、各顯其能，其間迸發出的思想的火花將使所有與會者受用終生。

◎**遊戲時間：** 3 分鐘

◎**參與人數：** 集體參與

◎**材料：** 打分牌

◎**遊戲場地：** 不限

◎**應用：** 團隊或個人遇到問題卻沒辦法解決時。

◎**遊戲步驟：**

1. 在某次課上規定一個題目，通知受訓者在上下次課之前，圍繞這個題目每人必須想好至少一個想法、話題或者活動。

2. 請幾位培訓者充當評委，在每個人講述自己的想法時，當場給他們打分。

3. 將每個人因想出創意而得到的分數和每個創意所應得到的分數相乘，統計每個人的分數，評出獲勝者。

◎**遊戲討論：**

1. 大家的收穫怎樣？有多少人不止得到一個有用信息？

2. 聽別人的發言是否在你的頭腦中激發出了火花或啟迪？

3. 你是否準備將這個遊戲引入到自己的工作中？如果可以，你準備怎樣做？

◎遊戲總結：

1. 一個人的思維和想法雖然有限，卻可以給他人起到示範作用，激勵同伴。有時你會發現，當一個人提出有創意的想法後，其他人像被傳染了一樣，好主意會接連不斷地產生。所以，在會議討論時，不妨積極地參與，這樣任何問題都可能被你們解決，必要時採用激勵的方法也是有效的。

2. 開動腦筋想一想，還可以如何改進這個遊戲？

 **161** 設計一個工作環境

◎遊戲目的：

舒適健康的工作環境有助於公司成員的正常發揮，而創造這一環境的過程更可以讓成員們的想像力得到鍛鍊。

◎遊戲時間：30 分鐘

◎參與人數：5 人一組

◎遊戲道具：圖畫板，彩筆等繪圖工具

◎遊戲場地：室內

◎應用：1. 創造性地解決問題。

2. 團隊合作精神的培養。

◎遊戲步驟：

1. 將學員分成 5 人一組。給每個小組一些紙和筆，建議每個小組的人圍成一圈坐在桌子旁。

2. 告訴他們現在他們工作的這棟大樓將要拆除重建，新的設計將

更多的體現人文的理念，所以現在要他們設計一下他們心目中的大樓是什麼樣子，怎樣才能夠創造出更舒適、更新潮的工作環境，才能更好地提高工作效率。

3. 讓每一個小組為新的辦公大樓設計出一張草圖，平面圖或者立體圖都行，鼓勵每一個小組的所有成員都參加，但是在設計的過程中要保持足夠的安靜，各個小組不能與其他小組討論他們的計劃，更不能說出他們的設計。時間：15 分鐘。

4. 將每個小組的圖紙掛起來，並請每個小組的成員向其他人解釋這幅畫的含義。

◎遊戲討論：

1. 你理想的工作環境反映了你什麼樣的價值觀？

2. 你與你的團隊的意見是否相同？如果有什麼相左的地方你們是如何解決的？應該怎樣進行彼此的交流？

◎遊戲總結：

1. 每個人理想的工作環境一定是反映了他的價值觀和人生觀，同樣也反映了他的創造力，很難想像一個將房間的主色調設計成灰色的人會喜歡去 KTV 裏面泡著，同樣大家對於一個公司的共同設計就反映了這個公司的理念與價值。

2. 在小組設計的過程中，不同的人要扮演不同的角色，有些人發揮想像力，想出好點子，另一些人則可以進行圖紙的具體描繪，但是最重要的是一定要有一個運籌規劃、統領全局的人，因為只有這樣才能決定大家的不同意見那個更好一些，才能讓設計順利進行下去。

3. 作為一個組員來說，要尊重別人的意見，積極貢獻自己的點子，講究溝通與合作，獲得整個小組的利益最大化。

# *162* 聯想活動

◎遊戲目的：

每個人都會夢想著做一回福爾摩斯，解決一件驚天動地的案件。但是對於一個合格的偵探人員來說，想像力和創造力是不可或缺的。下面的遊戲就將幫助你看看自己到底有沒有那份能力。

◎遊戲時間：20 分鐘

◎參與人數：不限

◎遊戲道具：不限

◎遊戲場地：無

◎應用：1. 聯想能力的培養。2. 創造力發揮。

◎遊戲步驟：

1. 給大家講述一個案情：

一個男人，走到湖邊的一個小木屋，同一個陌生人交談以後，就跳到湖裏死了(具體案情見後面的附件)。

2. 學員只可以通過問封閉性問題的方式去判斷案情的起因。

3. 培訓師只負責學員的問題，且只能說「是」或「不是」。

4. 5 分鐘以後結束。

◎遊戲討論：

誰的推理最具有創意和可行性？有沒有人的答案比正確答案還要好？

◎遊戲總結：

遊戲的答案也許是匪夷所思的，但遊戲的重點並不是要得到最後

的答案，而是要在遊戲的過程中，讓學員積極地發揮自己的創造力和主動精神，讓他們在推理的過程中體會到開動腦筋的樂趣。

---

### 附件：遊戲的參考答案

在一個夏夜的湖邊，一對熱戀男女談情說愛，由於夏夜炎熱，男人去買飲料解渴，留下小姐在湖邊等。結果十五分鐘之後，等男人回來之後，發現小姐已經不在原來的地方，於是這個男人在湖的週圍大聲呼喚她愛人的名字，沒有人回應。時間一分一秒過去，男人越想越擔心，一種不詳的預感已經籠罩在他的心頭。「撲通」一聲，男人跳下湖裏，在湖裏尋找愛人的足跡，他在湖底摸索了許久，什麼也沒有發現，除了一些象水草一樣的東西，因擔心水草會有危險，所以，就放棄了湖底尋找，上岸之後，男人沿著湖邊到處尋找。夜深了，人靜了，男人拖著疲憊的身體繼續沿著湖邊尋找。這時他看到湖邊有一個亮著燈的小木屋，於是敲門，開門的是一位陌生的老大爺。

「老大爺，你有沒有看到一位長頭髮，穿紅色裙子的女孩？」

「沒有。」

男人仍不放過一線希望，把愛人失蹤的遭遇包括在湖裏尋找的經過一五一十的告訴了陌生人。

「我是這個湖的看守員，這個湖裏幾十年來一直都沒有生長過一根水草。」

原來，男人在湖裏摸到的不是水草，而是她愛人的長髮。於是，男人跳到湖裏殉情了。

# *163* 蟲子的故事

## ◎遊戲目的：

本遊戲通過一隻虛構的蟲子的故事，講述了發揮想像力和創造性的重要，同時告訴我們在遇到問題時要善於進行推理。

◎**遊戲時間**：10 分鐘

◎**參與人數**：集體參與

◎**遊戲道具**：蟲子的故事(見附件)

◎**遊戲場地**：不限

◎**應用** ： 1. 打破思維局限性的訓練。

　　　　　　2. 創新能力的培養。

## ◎遊戲步驟：

1. 給大家講述故事，或者給他們 5 分鐘時間閱讀手中的材料。

2. 讓他們獨自或是一起解決問題。然後引導團隊對這個遊戲進行討論。

3. 必要的時候，培訓師可以給予適當的提示。

## ◎小提示：

如果團隊在進行遊戲時，幾分鐘之內都沒有頭緒，那麼讓他們弄清：①正在朝那個方向跳躍；②在一個連續的跳躍系列中，已經完成了幾次跳躍。

## ◎遊戲討論：

1. 什麼原因會阻礙你得到正確的答案？

2. 通過這個遊戲，你瞭解到給一個問題劃定框架(將問題放在一

個大的背景中，探究我們的假設和它們的潛在意義)有什麼好處嗎？

3. 我們如何學會分辨冗餘的信息並將它們排除在外？

4. 我們作為個人或作為一個團隊時，這個遊戲在未來對我們有何幫助？

◎遊戲總結：

1. 蟲子面對的方向不一定是它跳躍的方向。蟲子可能處於一系列跳躍中的任一步驟——它可能剛跳了一次，二次或三次。所以答案是：在一個連續四次跳躍中，蟲子似乎剛剛跳完一次。它正面向北方，然而它是側著身子跳向東邊。因此，它必須繼續向東跳三次，然後西邊跳一大步以取得食物。

2. 很多人得不到正確答案的原因就是他們拘泥於蟲子所面對的方向一定要是其跳躍的方向。思維局限性的存在使得我們很多時候都不能發揮我們的想像力和創造力，無法用更好的方法去解決問題。

3. 以後，當我們在面對問題的時候，應該多想想自己的想法是否有局限性，多從一些看似匪夷所思的角度著手，你會有意想不到的收穫。

---

### 附件：蟲子的故事

蟲子是一隻虛構的、而且有點奇怪的蟲子。在它的世界裏，它有如下的能力和局限：

(1)它的世界是扁平的。

(2)它只能跳(不能爬、飛、走、滾或其他任何能夠在它的世界裏移動的方式)。

(3)它不能夠向後轉。

(4)它可跳得很遠也可以跳得很近，但每一跳的距離不會少

於 2.5 釐米，也不會多於 150 米。

(5)它只能夠正對著四個方向跳——北、南、東和西，而不能夠斜著跳(比如東南、西北)。

(6)在天氣不錯的時候，它每一跳的平均距離是 4 米。

(7)沒有其他的獅蟻或別的生物能夠幫助它。

(8)一旦它開始朝一個方向跳，它必須在相同的方向上連跳四次才能夠跳到另一個方向上。

(9)完全依賴於它的主人給他提供的食物。

# *164* 尋找遊戲

◎遊戲目的：

這是一項非常流行的破冰活動，可以設計成很多形式，而且能夠應用於各種規模的培訓課堂。該方法可以在培訓開始階段，利用身體活動著手進行團隊建設。

◎遊戲步驟：

1. 設計 6～10 個描述性的語句，把「尋找一個人，他……」補充成完整的句子，包括說明個人信息和培訓內容的語句。可以使用以下語句作為開始：

尋找一個人，他……

(1)喜歡＿＿＿＿＿＿＿＿＿＿＿＿＿＿＿＿＿＿＿＿＿

(2)知道什麼是＿＿＿＿＿＿＿＿＿＿＿＿＿＿＿＿＿＿＿

(3)認為＿＿＿＿＿＿＿＿＿＿＿＿＿＿＿＿＿＿＿＿＿＿＿

(4)擅長＿＿＿＿＿＿＿＿＿＿＿＿＿＿＿＿＿＿＿＿＿＿＿

(5)已經＿＿＿＿＿＿＿＿＿＿＿＿＿＿＿＿＿＿＿＿＿＿＿

(6)受到＿＿＿＿＿＿＿＿＿＿＿＿＿＿＿＿＿＿的激勵

(7)相信＿＿＿＿＿＿＿＿＿＿＿＿＿＿＿＿＿＿＿＿＿＿＿

(8)最近讀了一本關於＿＿＿＿＿＿＿＿＿＿＿＿的書

(9)經歷過＿＿＿＿＿＿＿＿＿＿＿＿＿＿＿＿＿＿＿＿＿

(10)不喜歡＿＿＿＿＿＿＿＿＿＿＿＿＿＿＿＿＿＿＿＿＿

(11)曾接受過＿＿＿＿＿＿＿＿＿＿＿＿＿＿＿＿培訓

(12)有一個關於＿＿＿＿＿＿＿＿＿＿＿＿＿的好想法

(13)擁有＿＿＿＿＿＿＿＿＿＿＿＿＿＿＿＿＿＿＿＿＿＿

(14)想要＿＿＿＿＿＿＿＿＿＿＿＿＿＿＿＿＿＿＿＿＿＿

(15)不想要＿＿＿＿＿＿＿＿＿＿＿＿＿＿＿＿＿＿＿＿

2. 把這些語句發給學員，要求如下：「這項活動類似尋寶遊戲，不同的是大家要尋找的是人而不是物。我宣佈『開始』後，大家就在教室內尋找符合規定條件的人。每個人只能對應一項描述，即使他符合多項條件也不例外。找到相對應的人後，寫下他的名字。」

3. 大多數學員完成尋找後，宣佈活動結束，重新集合所有學員。

4. 可以對首先完成任務的學員進行象徵性的獎勵。更重要的是，瞭解學員們對每條陳述的看法。對於可能激發課程興趣的陳述進行簡短的討論。

◎替換策略：

1. 為了避免學員的激烈競爭，可以留出足夠的時間，讓每個學員都能夠完成尋找任務。

2. 要求學員與其他人進行交流，看一看每個人適合幾項條件。

◎遊戲討論：

在關於「生動培訓技巧」的講座中，使用了以下陳述進行尋人遊戲：

尋找一個人，他……

1. 姓名的首字母與你相同

2. 出生的月份與你相同

3. 居住的城市(或國家)與你不同

4. 不喜歡角色表演

5. 曾參加過培訓技巧的研討活動

6. 知道什麼是「組合式學習」

重新集合全體學員，根據姓名首字母順序，讓每位學員做自我介紹。找出最近要過生日的學員。對學員不喜歡角色表演的原因以及他們曾在研討活動中學到的知識進行簡短的討論。邀請一位學員解釋什麼是「組合式學習」。如果沒有人知道，要求學員推測它的含義。經過幾次猜測後，對「組合式學習」做出解釋，並說明將在後面的研討活動中進行詳細的講解。

# 165 你的簡歷

◎遊戲目的：

個人簡歷中通常都顯示了一個人所取得的成績。而小姐簡歷則通過有趣的形式，使用員間相互熟悉，或者可以幫助那些成員之間已經相互認識的小組進行團隊建設。如果小組簡歷能夠與培訓主題聯繫起

來，這項活動會更加富有成效。

◎**遊戲步驟：**

1. 將學員分組，每組 3～6 人。

2. 告訴每一組的成員，他們代表的是才智驚人、經驗豐富的團隊。

3. 提示各小組，表明並鼓吹自己小組才智的方法之一就是製作一份簡歷。（培訓師可以設計一份工作或合約，作為各組努力爭取的目標。）

4. 給各組提供紙和筆來製作各自的簡歷。簡歷應該包括所有能夠提高小組整體形象的信息。各組可以選擇使用以下信息：

⑴教育背景。

⑵關於課程內容的知識。

⑶工作經驗的年限。

⑷擔任的職位。

⑸專業技術。

⑹主要成績。

⑺出版物。

⑻愛好、才幹、旅行、家庭。

5. 邀請各組展示各自的簡歷以及整個小組所具備的所有才智。

◎**替換策略：**

1. 為了使這項活動進行得更快，可以事先準備好一份簡歷的提綱，列出可以選用的信息。

2. 不要求學員製作簡歷，而讓他們按照你所提供的範疇相互採訪。

◎**遊戲討論：**

以下是在一次關於商務寫作的培訓講座中，一組學員製作的簡

歷：

---

WRITERS R US

艾利

## 求職意向
製作、編輯專業文件
## 個人能力

- 16 年工作經驗
- 8 年大學教育
- 熟悉微軟文字校正工具
- 具備以下語言知識：
  —— 主謂一致
  —— 主動和被動
  —— 非謂語動詞
  —— 逗號的用法
  —— 大小寫用法
  —— 常見錯誤拼寫或產生混淆的單詞
- 愛好烹飪、太陽浴、跳傘運行和購物

---

# *166* 設計一個電視廣告

◎遊戲目的：

如果學員們彼此已經熟識，這將是一種很好的開始方式，能夠產生快速的團隊建設。

◎遊戲步驟：

1. 把全體學員分成小組，每組不少於 6 人。

2. 讓各組設計一個 30 秒鐘的電視廣告，用於宣傳他們的團隊、職業或組織。

3. 廣告中應該包含一條廣告語(例如，「現在，你可以到達全國的每一個角落」)以及視覺內容。

4. 在每個小組設計自己的廣告之前，討論目前一些知名廣告的特點，以激發大家的創造力(例如，利用名人、幽默、與競爭對手的比較、性感的視覺效果等)。

5. 讓每個小組發表自己的設想。對每個人的創造性提出表揚。

◎替換策略：

1. 讓各個小組設計文字廣告而不是電視廣告。或者，如有可能，讓他們利用攝像機拍攝真實的廣告。

2. 讓各個小組設計廣告，宣傳自己的興趣、價值觀、信仰或顧慮。讓學員把這些話題與培訓課程的主題聯繫起來。

◎遊戲討論：

一家醫院要求僱員們設計一個電視廣告，宣傳在他們醫院就醫的好處。他們設計了一個廣告，結合了幾個著名廣告的廣告詞，強調了

細心的照料和友好的態度,如「西南醫院,保您平安」以及「優質服務源於細心呵護」。

# 167 度假場所

◎遊戲目的:

生動培訓常常要通過建立長期的學習團隊來加以鞏固。如果這在培訓計劃之內,首先進行一些團隊建設的活動將有助於確保一個穩固的開始。

◎遊戲步驟:

1. 為各組提供一疊索引卡片(每一疊所含的卡片最好大小不同)。

2. 讓各組根據索引卡片儘快建造一處度假場所。可以折疊或撕裂卡片,但不允許使用其他物品。鼓勵各組在建造之前先做計劃。為各組提供彩筆,以便他們可以在卡片上畫畫,以他們認為合適的方式來進行裝飾。

3. 至少給各組 15 分鐘時間,不要催促他們。使每個學員獲得成功的經歷是非常重要的。

4. 建造完成後,讓全體學員進行一次巡遊,參觀所有的建築。讓各組成員展示自己的作品,並講解他們度假場所的錯綜複雜的佈局。鼓掌表揚各組的成就。不鼓勵各組之間進行競爭性的比較。

◎替換策略:

1. 讓各組建造一座團隊「紀念碑」,而不是度假場所。敦促他們要把紀念碑建造得堅固、高大且美觀。

2. 重新集合全體學員,讓學員通過回答以下問題來反思剛才的經歷:「大家一起工作時,作為團隊和個人,那些行動是有用的,那些是沒有用的?。

◎遊戲討論:

在有關團隊建設的講座中,這當然是一種很好的開始方式。為了增強學習的效果,在每組建造自己的度假場所時,指定一位觀察員。觀察員要對以下各點做出回饋:

⑴建造過程中的共同目標(除了完成工程之外)。

⑵各個隊員為團隊做貢獻的方式,以及妨礙團隊工作的行為。

⑶由此產生的關於可接受和不可接受行為的準則。

⑷領導權:誰擁有領導權?誰取得了領導權?領導權給了誰?

 # 168 學員的聯絡

◎遊戲目的:

在包含多次講座的課程中,兩次講座之間會有時間間隔。在開始新的講座前,有必要花幾分鐘時間與學員「重新聯絡」一下。下面的活動可以用於完成這件事情。

◎遊戲步驟:

1. 歡迎學員再次來聽講座。告訴大家,今天的講座開始前,有必要先花幾分鐘時間「重新聯絡」一下。

2. 從下列問題中選擇一個或多個讓學員回答:

⑴關於上次講座的內容,大家還記得什麼?那些內容讓你印象深

刻？

(2)上次講座有沒有激發你去閱讀、去思考、或去做什麼事情？

(3)上次講座後，有什麼有趣的經歷？

(4)現在你的腦子裏有什麼事情可能會影響你集中精力聽今天的講座？

(5)你今天感覺如何？(最好用有趣的比喻來回答，如「感覺像一個被壓壞的香蕉。」)

3. 可以利用以下幾種方式獲得學員的反應，如小組討論或指定下一個發言者。

4. 繼續這次講座的主題。

◎**替換策略：**

1. 不向學員提問，而是一起復習上次講座的內容。

2. 提出關於上次講座的兩個問題、概念或兩條信息，讓學員投票決定復習那一個。

◎**遊戲討論：**

在包含多次講座的關於客戶服務的培訓課程中，再次講座前，培訓師提問了下列問題：

1. 自從上次講座後，你觀察到什麼好的或差的客戶服務的例子？

2. 什麼樣的客戶最難應付？

3. 現在你對於好的客戶服務的價值有什麼感受？

# 臺灣的核心競爭力, 就在這裏!

## 圖 書 出 版 目 錄

下列圖書是由臺灣的憲業企管顧問(集團)公司所出版, 秉持專業立場, 特別注重實務應用, 50 餘位顧問師為企業界提供最專業的經營管理類圖書。

選購企管書, 請認明品牌 : **憲 業 企 管 公 司。**

1.傳播書香社會, 直接向本出版社購買, 一律 9 折優惠, 郵遞費用由本公司負擔。 服務電話 (02) 27622241 (03) 9310960 傳真 (03) 9310961
2.付款方式: 請將書款轉帳到我公司下列的銀行帳戶。
· 銀行名稱: 合作金庫銀行 (敦南分行) 帳號: **5034-717-347447**
公司名稱: 憲業企管顧問有限公司
· 郵局劃撥號碼: **18410591** 郵局劃撥戶名: 憲業企管顧問公司

3.圖書出版資料隨時更新, 請見網站 www.bookstore99.com

### 經營顧問叢書

| | | | | | | |
|---|---|---|---|---|---|---|
| 149 | 展覽會行銷技巧 | 360 元 | | 230 | 診斷改善你的企業 | 360 元 |
| 150 | 企業流程管理技巧 | 360 元 | | 232 | 電子郵件成功技巧 | 360 元 |
| 152 | 向西點軍校學管理 | 360 元 | | 234 | 銷售通路管理實務〈增訂二版〉 | 360 元 |
| 154 | 領導你的成功團隊 | 360 元 | | 235 | 求職面試一定成功 | 360 元 |
| 155 | 頂尖傳銷術 | 360 元 | | 236 | 客戶管理操作實務〈增訂二版〉 | 360 元 |
| 160 | 各部門編制預算工作 | 360 元 | | 237 | 總經理如何領導成功團隊 | 360 元 |
| 163 | 只為成功找方法，不為失敗找藉口 | 360 元 | | 238 | 總經理如何熟悉財務控制 | 360 元 |
| 167 | 網路商店管理手冊 | 360 元 | | 239 | 總經理如何靈活調動資金 | 360 元 |
| 168 | 生氣不如爭氣 | 360 元 | | 240 | 有趣的生活經濟學 | 360 元 |
| 170 | 模仿就能成功 | 350 元 | | 241 | 業務員經營轄區市場（增訂二版） | 360 元 |
| 176 | 每天進步一點點 | 350 元 | | 242 | 搜索引擎行銷 | 360 元 |
| 181 | 速度是贏利關鍵 | 360 元 | | 243 | 如何推動利潤中心制度（增訂二版） | 360 元 |
| 183 | 如何識別人才 | 360 元 | | 244 | 經營智慧 | 360 元 |
| 184 | 找方法解決問題 | 360 元 | | 245 | 企業危機應對實戰技巧 | 360 元 |
| 185 | 不景氣時期，如何降低成本 | 360 元 | | 246 | 行銷總監工作指引 | 360 元 |
| 186 | 營業管理疑難雜症與對策 | 360 元 | | 247 | 行銷總監實戰案例 | 360 元 |
| 187 | 廠商掌握零售賣場的竅門 | 360 元 | | 248 | 企業戰略執行手冊 | 360 元 |
| 188 | 推銷之神傳世技巧 | 360 元 | | 249 | 大客戶搖錢樹 | 360 元 |
| 189 | 企業經營案例解析 | 360 元 | | 250 | 企業經營計劃〈增訂二版〉 | 360 元 |
| 191 | 豐田汽車管理模式 | 360 元 | | 252 | 營業管理實務（增訂二版） | 360 元 |
| 192 | 企業執行力（技巧篇） | 360 元 | | 253 | 銷售部門績效考核量化指標 | 360 元 |
| 193 | 領導魅力 | 360 元 | | 254 | 員工招聘操作手冊 | 360 元 |
| 198 | 銷售說服技巧 | 360 元 | | 256 | 有效溝通技巧 | 360 元 |
| 199 | 促銷工具疑難雜症與對策 | 360 元 | | 257 | 會議手冊 | 360 元 |
| 200 | 如何推動目標管理(第三版) | 390 元 | | 258 | 如何處理員工離職問題 | 360 元 |
| 201 | 網路行銷技巧 | 360 元 | | 259 | 提高工作效率 | 360 元 |
| 204 | 客戶服務部工作流程 | 360 元 | | 261 | 員工招聘性向測試方法 | 360 元 |
| 206 | 如何鞏固客戶（增訂二版） | 360 元 | | 262 | 解決問題 | 360 元 |
| 208 | 經濟大崩潰 | 360 元 | | 263 | 微利時代制勝法寶 | 360 元 |
| 215 | 行銷計劃書的撰寫與執行 | 360 元 | | 264 | 如何拿到 VC（風險投資）的錢 | 360 元 |
| 216 | 內部控制實務與案例 | 360 元 | | 267 | 促銷管理實務〈增訂五版〉 | 360 元 |
| 217 | 透視財務分析內幕 | 360 元 | | 268 | 顧客情報管理技巧 | 360 元 |
| 219 | 總經理如何管理公司 | 360 元 | | 269 | 如何改善企業組織績效〈增訂二版〉 | 360 元 |
| 222 | 確保新產品銷售成功 | 360 元 | | 270 | 低調才是大智慧 | 360 元 |
| 223 | 品牌成功關鍵步驟 | 360 元 | | 272 | 主管必備的授權技巧 | 360 元 |
| 224 | 客戶服務部門績效量化指標 | 360 元 | | | | |
| 226 | 商業網站成功密碼 | 360 元 | | | | |
| 228 | 經營分析 | 360 元 | | | | |
| 229 | 產品經理手冊 | 360 元 | | | | |

| 275 | 主管如何激勵部屬 | 360 元 |
| --- | --- | --- |
| 276 | 輕鬆擁有幽默口才 | 360 元 |
| 277 | 各部門年度計劃工作（增訂二版） | 360 元 |
| 278 | 面試主考官工作實務 | 360 元 |
| 279 | 總經理重點工作（增訂二版） | 360 元 |
| 282 | 如何提高市場佔有率（增訂二版） | 360 元 |
| 283 | 財務部流程規範化管理（增訂二版） | 360 元 |
| 284 | 時間管理手冊 | 360 元 |
| 285 | 人事經理操作手冊（增訂二版） | 360 元 |
| 286 | 贏得競爭優勢的模仿戰略 | 360 元 |
| 287 | 電話推銷培訓教材（增訂三版） | 360 元 |
| 288 | 贏在細節管理（增訂二版） | 360 元 |
| 289 | 企業識別系統 CIS（增訂二版） | 360 元 |
| 290 | 部門主管手冊（增訂五版） | 360 元 |
| 291 | 財務查帳技巧（增訂二版） | 360 元 |
| 292 | 商業簡報技巧 | 360 元 |
| 293 | 業務員疑難雜症與對策（增訂二版） | 360 元 |
| 294 | 內部控制規範手冊 | 360 元 |
| 295 | 哈佛領導力課程 | 360 元 |
| 296 | 如何診斷企業財務狀況 | 360 元 |
| 297 | 營業部轄區管理規範工具書 | 360 元 |
| 298 | 售後服務手冊 | 360 元 |
| 299 | 業績倍增的銷售技巧 | 400 元 |
| 300 | 行政部流程規範化管理（增訂二版） | 400 元 |
| 301 | 如何撰寫商業計畫書 | 400 元 |
| 302 | 行銷部流程規範化管理（增訂二版） | 400 元 |
| 303 | 人力資源部流程規範化管理（增訂四版） | 420 元 |
| 304 | 生產部流程規範化管理（增訂二版） | 400 元 |
| 305 | 績效考核手冊（增訂二版） | 400 元 |
| 306 | 經銷商管理手冊（增訂四版） | 420 元 |

| 307 | 招聘作業規範手冊 | 420 元 |
| --- | --- | --- |
| 308 | 喬·吉拉德銷售智慧 | 400 元 |
| 309 | 商品鋪貨規範工具書 | 400 元 |
| 310 | 企業併購案例精華（增訂二版） | 420 元 |
| 311 | 客戶抱怨手冊 | 400 元 |
| 312 | 如何撰寫職位說明書（增訂二版） | 400 元 |
| 313 | 總務部門重點工作（增訂三版） | 400 元 |
| 314 | 客戶拒絕就是銷售成功的開始 | 400 元 |
| 315 | 如何選人、育人、用人、留人、辭人 | 400 元 |
| 316 | 危機管理案例精華 | 400 元 |
| 317 | 節約的都是利潤 | 400 元 |
| 318 | 企業盈利模式 | 400 元 |

### 《商店叢書》

| 18 | 店員推銷技巧 | 360 元 |
| --- | --- | --- |
| 30 | 特許連鎖業經營技巧 | 360 元 |
| 35 | 商店標準操作流程 | 360 元 |
| 36 | 商店導購口才專業培訓 | 360 元 |
| 37 | 速食店操作手冊〈增訂二版〉 | 360 元 |
| 38 | 網路商店創業手冊〈增訂二版〉 | 360 元 |
| 40 | 商店診斷實務 | 360 元 |
| 41 | 店鋪商品管理手冊 | 360 元 |
| 42 | 店員操作手冊（增訂三版） | 360 元 |
| 43 | 如何撰寫連鎖業營運手冊〈增訂二版〉 | 360 元 |
| 44 | 店長如何提升業績〈增訂二版〉 | 360 元 |
| 45 | 向肯德基學習連鎖經營〈增訂二版〉 | 360 元 |
| 47 | 賣場如何經營會員制俱樂部 | 360 元 |
| 48 | 賣場銷量神奇交叉分析 | 360 元 |
| 49 | 商場促銷法寶 | 360 元 |
| 51 | 開店創業手冊〈增訂三版〉 | 360 元 |
| 52 | 店長操作手冊（增訂五版） | 360 元 |
| 53 | 餐飲業工作規範 | 360 元 |

| 54 | 有效的店員銷售技巧 | 360元 |
|---|---|---|
| 55 | 如何開創連鎖體系〈增訂三版〉 | 360元 |
| 56 | 開一家穩賺不賠的網路商店 | 360元 |
| 57 | 連鎖業開店複製流程 | 360元 |
| 58 | 商鋪業績提升技巧 | 360元 |
| 59 | 店員工作規範（增訂二版） | 400元 |
| 60 | 連鎖業加盟合約 | 400元 |
| 61 | 架設強大的連鎖總部 | 400元 |
| 62 | 餐飲業經營技巧 | 400元 |
| 63 | 連鎖店操作手冊（增訂五版） | 420元 |
| 64 | 賣場管理督導手冊 | 420元 |
| 65 | 連鎖店督導師手冊（增訂二版） | 420元 |

### 《工廠叢書》

| 13 | 品管員操作手冊 | 380元 |
|---|---|---|
| 15 | 工廠設備維護手冊 | 380元 |
| 16 | 品管圈活動指南 | 380元 |
| 17 | 品管圈推動實務 | 380元 |
| 20 | 如何推動提案制度 | 380元 |
| 24 | 六西格瑪管理手冊 | 380元 |
| 30 | 生產績效診斷與評估 | 380元 |
| 32 | 如何藉助IE提升業績 | 380元 |
| 35 | 目視管理案例大全 | 380元 |
| 38 | 目視管理操作技巧(增訂二版) | 380元 |
| 46 | 降低生產成本 | 380元 |
| 47 | 物流配送績效管理 | 380元 |
| 49 | 6S管理必備手冊 | 380元 |
| 51 | 透視流程改善技巧 | 380元 |
| 55 | 企業標準化的創建與推動 | 380元 |
| 56 | 精細化生產管理 | 380元 |
| 57 | 品質管制手法〈增訂二版〉 | 380元 |
| 58 | 如何改善生產績效〈增訂二版〉 | 380元 |
| 67 | 生產訂單管理步驟〈增訂二版〉 | 380元 |
| 68 | 打造一流的生產作業廠區 | 380元 |
| 70 | 如何控制不良品〈增訂二版〉 | 380元 |
| 71 | 全面消除生產浪費 | 380元 |
| 72 | 現場工程改善應用手冊 | 380元 |
| 75 | 生產計劃的規劃與執行 | 380元 |

| 77 | 確保新產品開發成功（增訂四版） | 380元 |
|---|---|---|
| 79 | 6S管理運作技巧 | 380元 |
| 80 | 工廠管理標準作業流程〈增訂二版〉 | 380元 |
| 81 | 部門績效考核的量化管理（增訂五版） | 380元 |
| 82 | 採購管理實務〈增訂五版〉 | 380元 |
| 83 | 品管部經理操作規範〈增訂二版〉 | 380元 |
| 84 | 供應商管理手冊 | 380元 |
| 85 | 採購管理工作細則〈增訂二版〉 | 380元 |
| 86 | 如何管理倉庫（增訂七版） | 380元 |
| 87 | 物料管理控制實務〈增訂二版〉 | 380元 |
| 88 | 豐田現場管理技巧 | 380元 |
| 89 | 生產現場管理實戰案例〈增訂三版〉 | 380元 |
| 90 | 如何推動5S管理（增訂五版） | 420元 |
| 92 | 生產主管操作手冊(增訂五版) | 420元 |
| 93 | 機器設備維護管理工具書 | 420元 |
| 94 | 如何解決工廠問題 | 420元 |
| 95 | 採購談判與議價技巧〈增訂二版〉 | 420元 |
| 96 | 生產訂單運作方式與變更管理 | 420元 |
| 97 | 商品管理流程控制(增訂四版) | 420元 |

### 《醫學保健叢書》

| 1 | 9週加強免疫能力 | 320元 |
|---|---|---|
| 3 | 如何克服失眠 | 320元 |
| 4 | 美麗肌膚有妙方 | 320元 |
| 5 | 減肥瘦身一定成功 | 360元 |
| 6 | 輕鬆懷孕手冊 | 360元 |
| 7 | 育兒保健手冊 | 360元 |
| 8 | 輕鬆坐月子 | 360元 |
| 11 | 排毒養生方法 | 360元 |
| 13 | 排除體內毒素 | 360元 |
| 14 | 排除便秘困擾 | 360元 |
| 15 | 維生素保健全書 | 360元 |

| 16 | 腎臟病患者的治療與保健 | 360 元 |
|---|---|---|
| 17 | 肝病患者的治療與保健 | 360 元 |
| 18 | 糖尿病患者的治療與保健 | 360 元 |
| 19 | 高血壓患者的治療與保健 | 360 元 |
| 22 | 給老爸老媽的保健全書 | 360 元 |
| 23 | 如何降低高血壓 | 360 元 |
| 24 | 如何治療糖尿病 | 360 元 |
| 25 | 如何降低膽固醇 | 360 元 |
| 26 | 人體器官使用說明書 | 360 元 |
| 27 | 這樣喝水最健康 | 360 元 |
| 28 | 輕鬆排毒方法 | 360 元 |
| 29 | 中醫養生手冊 | 360 元 |
| 30 | 孕婦手冊 | 360 元 |
| 31 | 育兒手冊 | 360 元 |
| 32 | 幾千年的中醫養生方法 | 360 元 |
| 34 | 糖尿病治療全書 | 360 元 |
| 35 | 活到 120 歲的飲食方法 | 360 元 |
| 36 | 7 天克服便秘 | 360 元 |
| 37 | 為長壽做準備 | 360 元 |
| 39 | 拒絕三高有方法 | 360 元 |
| 40 | 一定要懷孕 | 360 元 |
| 41 | 提高免疫力可抵抗癌症 | 360 元 |
| 42 | 生男生女有技巧〈增訂三版〉 | 360 元 |

### 《培訓叢書》

| 11 | 培訓師的現場培訓技巧 | 360 元 |
|---|---|---|
| 12 | 培訓師的演講技巧 | 360 元 |
| 14 | 解決問題能力的培訓技巧 | 360 元 |
| 15 | 戶外培訓活動實施技巧 | 360 元 |
| 17 | 針對部門主管的培訓遊戲 | 360 元 |
| 20 | 銷售部門培訓遊戲 | 360 元 |
| 21 | 培訓部門經理操作手冊（增訂三版） | 360 元 |
| 23 | 培訓部門流程規範化管理 | 360 元 |
| 24 | 領導技巧培訓遊戲 | 360 元 |
| 25 | 企業培訓遊戲大全(增訂三版) | 360 元 |
| 26 | 提升服務品質培訓遊戲 | 360 元 |
| 27 | 執行能力培訓遊戲 | 360 元 |
| 28 | 企業如何培訓內部講師 | 360 元 |
| 29 | 培訓師手冊（增訂五版） | 420 元 |
| 30 | 團隊合作培訓遊戲(增訂三版) | 420 元 |

| 31 | 激勵員工培訓遊戲 | 420 元 |
|---|---|---|
| 32 | 企業培訓活動的破冰遊戲（增訂二版） | 420 元 |

### 《傳銷叢書》

| 4 | 傳銷致富 | 360 元 |
|---|---|---|
| 5 | 傳銷培訓課程 | 360 元 |
| 10 | 頂尖傳銷術 | 360 元 |
| 12 | 現在輪到你成功 | 350 元 |
| 13 | 鑽石傳銷商培訓手冊 | 350 元 |
| 14 | 傳銷皇帝的激勵技巧 | 360 元 |
| 15 | 傳銷皇帝的溝通技巧 | 360 元 |
| 19 | 傳銷分享會運作範例 | 360 元 |
| 20 | 傳銷成功技巧（增訂五版） | 400 元 |
| 21 | 傳銷領袖（增訂二版） | 400 元 |
| 22 | 傳銷話術 | 400 元 |

### 《幼兒培育叢書》

| 1 | 如何培育傑出子女 | 360 元 |
|---|---|---|
| 2 | 培育財富子女 | 360 元 |
| 3 | 如何激發孩子的學習潛能 | 360 元 |
| 4 | 鼓勵孩子 | 360 元 |
| 5 | 別溺愛孩子 | 360 元 |
| 6 | 孩子考第一名 | 360 元 |
| 7 | 父母要如何與孩子溝通 | 360 元 |
| 8 | 父母要如何培養孩子的好習慣 | 360 元 |
| 9 | 父母要如何激發孩子學習潛能 | 360 元 |
| 10 | 如何讓孩子變得堅強自信 | 360 元 |

### 《成功叢書》

| 1 | 猶太富翁經商智慧 | 360 元 |
|---|---|---|
| 2 | 致富鑽石法則 | 360 元 |
| 3 | 發現財富密碼 | 360 元 |

### 《企業傳記叢書》

| 1 | 零售巨人沃爾瑪 | 360 元 |
|---|---|---|
| 2 | 大型企業失敗啟示錄 | 360 元 |
| 3 | 企業併購始祖洛克菲勒 | 360 元 |
| 4 | 透視戴爾經營技巧 | 360 元 |
| 5 | 亞馬遜網路書店傳奇 | 360 元 |
| 6 | 動物智慧的企業競爭啟示 | 320 元 |
| 7 | CEO 拯救企業 | 360 元 |
| 8 | 世界首富　宜家王國 | 360 元 |
| 9 | 航空巨人波音傳奇 | 360 元 |

| 10 | 傳媒併購大亨 | 360 元 |
|---|---|---|

## 《智慧叢書》

| 1 | 禪的智慧 | 360 元 |
|---|---|---|
| 2 | 生活禪 | 360 元 |
| 3 | 易經的智慧 | 360 元 |
| 4 | 禪的管理大智慧 | 360 元 |
| 5 | 改變命運的人生智慧 | 360 元 |
| 6 | 如何吸取中庸智慧 | 360 元 |
| 7 | 如何吸取老子智慧 | 360 元 |
| 8 | 如何吸取易經智慧 | 360 元 |
| 9 | 經濟大崩潰 | 360 元 |
| 10 | 有趣的生活經濟學 | 360 元 |
| 11 | 低調才是大智慧 | 360 元 |

## 《DIY 叢書》

| 1 | 居家節約竅門 DIY | 360 元 |
|---|---|---|
| 2 | 愛護汽車 DIY | 360 元 |
| 3 | 現代居家風水 DIY | 360 元 |
| 4 | 居家收納整理 DIY | 360 元 |
| 5 | 廚房竅門 DIY | 360 元 |
| 6 | 家庭裝修 DIY | 360 元 |
| 7 | 省油大作戰 | 360 元 |

## 《財務管理叢書》

| 1 | 如何編制部門年度預算 | 360 元 |
|---|---|---|
| 2 | 財務查帳技巧 | 360 元 |
| 3 | 財務經理手冊 | 360 元 |
| 4 | 財務診斷技巧 | 360 元 |
| 5 | 內部控制實務 | 360 元 |
| 6 | 財務管理制度化 | 360 元 |
| 8 | 財務部流程規範化管理 | 360 元 |
| 9 | 如何推動利潤中心制度 | 360 元 |

為方便讀者選購，本公司將一部分上述圖書又加以專門分類如下：

## 《主管叢書》

| 1 | 部門主管手冊（增訂五版） | 360 元 |
|---|---|---|
| 2 | 總經理行動手冊 | 360 元 |
| 4 | 生產主管操作手冊（增訂五版） | 420 元 |
| 5 | 店長操作手冊（增訂五版） | 360 元 |
| 6 | 財務經理手冊 | 360 元 |
| 7 | 人事經理操作手冊 | 360 元 |

| 8 | 行銷總監工作指引 | 360 元 |
|---|---|---|
| 9 | 行銷總監實戰案例 | 360 元 |

## 《總經理叢書》

| 1 | 總經理如何經營公司(增訂二版) | 360 元 |
|---|---|---|
| 2 | 總經理如何管理公司 | 360 元 |
| 3 | 總經理如何領導成功團隊 | 360 元 |
| 4 | 總經理如何熟悉財務控制 | 360 元 |
| 5 | 總經理如何靈活調動資金 | 360 元 |

## 《人事管理叢書》

| 1 | 人事經理操作手冊 | 360 元 |
|---|---|---|
| 2 | 員工招聘操作手冊 | 360 元 |
| 3 | 員工招聘性向測試方法 | 360 元 |
| 5 | 總務部門重點工作 | 360 元 |
| 6 | 如何識別人才 | 360 元 |
| 7 | 如何處理員工離職問題 | 360 元 |
| 8 | 人力資源部流程規範化管理（增訂四版） | 420 元 |
| 9 | 面試主考官工作實務 | 360 元 |
| 10 | 主管如何激勵部屬 | 360 元 |
| 11 | 主管必備的授權技巧 | 360 元 |
| 12 | 部門主管手冊（增訂五版） | 360 元 |

## 《理財叢書》

| 1 | 巴菲特股票投資忠告 | 360 元 |
|---|---|---|
| 2 | 受益一生的投資理財 | 360 元 |
| 3 | 終身理財計劃 | 360 元 |
| 4 | 如何投資黃金 | 360 元 |
| 5 | 巴菲特投資必贏技巧 | 360 元 |
| 6 | 投資基金賺錢方法 | 360 元 |
| 7 | 索羅斯的基金投資必贏忠告 | 360 元 |
| 8 | 巴菲特為何投資比亞迪 | 360 元 |

## 《網路行銷叢書》

| 1 | 網路商店創業手冊〈增訂二版〉 | 360 元 |
|---|---|---|
| 2 | 網路商店管理手冊 | 360 元 |
| 3 | 網路行銷技巧 | 360 元 |
| 4 | 商業網站成功密碼 | 360 元 |
| 5 | 電子郵件成功技巧 | 360 元 |
| 6 | 搜索引擎行銷 | 360 元 |

## 《企業計劃叢書》

| 1 | 企業經營計劃〈增訂二版〉 | 360 元 |
|---|---|---|

| 2 | 各部門年度計劃工作 | 360 元 |
| 3 | 各部門編制預算工作 | 360 元 |
| 4 | 經營分析 | 360 元 |
| 5 | 企業戰略執行手冊 | 360 元 |

# 在海外出差的⋯⋯⋯
# 台 灣 上 班 族

愈來愈多的台灣上班族，到海外工作（或海外出差），對工作的努力與敬業，是台灣上班族的核心競爭力；一個明顯

的例子，返台休假期間，台灣上班族都會抽空再買書，設法充實自身專業能力。

[憲業企管顧問公司]以專業立場，為企業界提供最專業的各種經營管理類圖書。

85%的台灣上班族都曾經有過購買（或閱讀）[憲業企管顧問公司]所出版的各種企管圖書。

建議你：工作之餘要多看書，加強競爭力。

# 建立企業圖書館

當市場競爭激烈時：

## 培訓員工，強化員工競爭力
## 是企業最佳對策

「人才」是企業最大的財富。如何提升人才，是企業永續經營、戰勝對手的核心競爭力。積極培訓公司內部員工，是經濟不景氣時期的最佳戰略，而最快速的具體作法，就是「建立企業內部圖書館，鼓勵員工多閱讀、多進修專業書籍」

建議您：請一次購足本公司所出版各種經營管理類圖書，作為貴公司內部員工培訓圖書。 使用率高的（例如「贏在細節管理」），準備 3 本；使用率低的（例如「工廠設備維護手冊」），只買 1 本。

培訓叢書 ㉜　　　　　　　　　　售價：420 元

# 企業培訓活動的破冰遊戲（增訂二版）

西元二〇一五年十二月　　　　　　　增訂二版一刷
西元二〇一一年三月　　　　　　　　初版一刷

編輯指導：黃憲仁

編著：蔣德劭

策劃：麥可國際出版有限公司（新加坡）

編輯：蕭玲

校對：劉飛娟

發行人：黃憲仁

發行所：憲業企管顧問有限公司

電話：（02）2762-2241　　（03）9310960　　0930872873

電子郵件聯絡信箱：huang2838@yahoo.com.tw

銀行 ATM 轉帳：合作金庫銀行　　帳號：5034-717-347447

郵政劃撥：18410591　　憲業企管顧問有限公司

江祖平律師顧問：紙品書、數位書著作權與版權均歸本公司所有

登記證：行政業新聞局版台業字第 6380 號

**本公司徵求海外版權出版代理商　（0930872873）**

本圖書是由憲業企管顧問（集團）公司所出版，以專業立場，為企業界提供最專業的各種經營管理類圖書。

圖書編號 ISBN：978-986-369-032-0